POLYMER CHEMISTRY

기본 고분자 화학

POLYMER CHEMISTRY

기본 고분자 화학

임진규 지음

목 차

개요

제1장

1. 역사적 발전

주요한 고분자의 발명 연도와 응용분야를 아래의 표 1.1에 나타내었다.

표 1.1 고분자 재료의 소개

연도	재료	용도
1868	Cellulose nitrate	안경태
1909	Phenol-formaldehyde	전화 수화기, 손잡이
1919	Casein	손뜨개질 바늘
1926	Alkyds	전기 절연체
1927	Cellulose acetate	칫솔, 포장재
1927	Poly(vinyl chloride)	우비, 바닥재
1929	Urea-formaldehyde	조명기구, 전기 스위치
1935	Ethyl cellulose	손전등 케이스
1936	Polyacrylonitrile	브러쉬백, 디스플레이
1936	Poly(vinyl acetate)	섬광전구 안감, 접착제
1938	Cellulose acetate butyrate	관개수로관
1938	Polystyrene	주방 용품, 장난감
1938	Nylon(polyamide)	기어, 섬유, 필름
1938	Poly(vinyl acetal)	안전 유리 중간층

1939	Poly(vinylidenechloride)	자동차 시트커버, 필름, 종이, 코팅제
1939	Melamine—formaldehyde	식기류
1942	Polyester(cross—linkable)	보트 선체
1942	Polyethylene(low density)	스퀴즈 바틀
1943	Fluoropolymers	산업용 개스킷, 슬립 코팅
1943	Silicone	고무 제품
1945	Cellulose propionate	팬 샤프
1947	Epoxies	지붕
1948	Acrylonitrile—butadiene—styrene copolymer	Luggage radio and television cabinets
1949	Ally lie	Electrical connectors
1954	Polyurethane	Foam cushions
1956	Acetal resin	자동차 부품
1957	Polypropylene	헬멧, 카펫 섬유
1957	Polycarbonate	Appliance parts
1959	Chlorinated polyether	밸브 및 이음쇠
1962	Phenoxy resin	접착제, 코팅제
1962	Polyallomer	타자기 케이스
1964	Ionomer resins	스킨 포장, 몰딩
1964	Polyphenylene oxide	배터리 케이스, 고온 몰딩
1964	Polyimide	베어링고온 필름 및 와이어 코팅
1964	Ethylene—vinyl acetate	Heavy gauge flexible sheeting
1965	Polybutene	필름
1965	Polysulfone	전기/전자 부품
1970	Thermoplastic polyester	전기/전자 부품
1971	Hydroxy acrylates	콘텍트렌즈
1973	Polybutylene	배관
1974	Aromatic polyamides	High—strength tire*cord*
1975	Nitrile barrier resins	컨테이너

고분자 재료는 고체형태의 플라스틱, 섬유, 탄성체, 발포체 등에 사용되며, 딱딱하거나 부드럽고 필름, 코팅, 접착제 등의 형태를 가진다.

2. 기본 개념과 정의

고분자는 작은 화학 단위의 반복으로 큰 분자량을 가지고 있다.

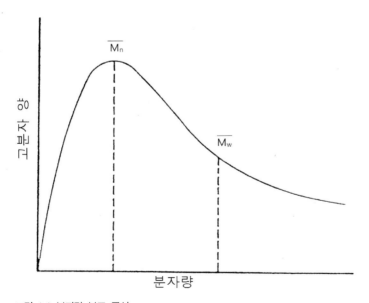

이량체, 삼량체, 사량체와 같은 저분자량의 중합생성물은 올리고머로 간주되며, 또한 분자들이 혼합되어 있는 고분자 사슬길이가 다르다.

그림 1.1 분자량 분포 곡선

Mw/Mn은 고분자 안의 여러 가지 사슬 길이가 얼마나 넓게 분포되어 있는가를 나타내며 값이 증가할수록 분자량은 넓게 분포되어 있다.

3. 고분자의 분류

고분자는 분류 기준에 따라 여러 종류로 분류할 수 있다. 이 책에서는 크게 5가지 종류로 분류해보고자 한다.

3.1 천연고분자 및 합성고분자

생물학적 바탕의 천연고분자로는 효소, 핵산, 단백질 등이 있으며, 합성고분자에는 섬유, 탄성체, 플라스틱, 접착제 등이 있다.

3.2 고분자구조에 따른 분류

3.2.1 선형, 가지, 가교, 사다리 고분자 및 관능기

분자는 하나, 둘, 혹은 그 이상으로 다른 분자와 결합하는 것에 따라 단관능, 2관능, 다관능 등으로 나누어진다. 고분자가 생성되기 위해서는, 하나 혹은 몇 개의 분자가 적어도 2관능 이상이어야 한다.

$$R-COOH \ + \ R'-OH \ \longrightarrow \ R-\overset{\overset{\displaystyle O}{\|}}{C}-O-R'$$

acid alcohol　　　　ester
　(식 6)　　　　　(식 7)　　　　　　　　　　　　(식 8)

$$HOOC-R-COOH \ + \ HO-R'OH \ \longrightarrow \ HOOC-R-\overset{\overset{\displaystyle O}{\|}}{C}-O-R'-OH$$

bifunctional bifunctional　　　　　　　　　　　　　bifunctional
　　(식 9)　　　　　　　　(식 10)　　　　　　　　　　(식 11)

선형고분자는 2관능 구조 단위가 다른 구조 단위와 단지 2개의 결합을 하는 경우 나타나게 되며 가지형 고분자는 사슬이 다른 사슬과 결합되기 전에 각 고분자 사슬의 한쪽의 결합이 종료되는 경우 생긴다. 가교 고분자는 고분자 사슬이 결합되며 성장하는 경우 나타난다.

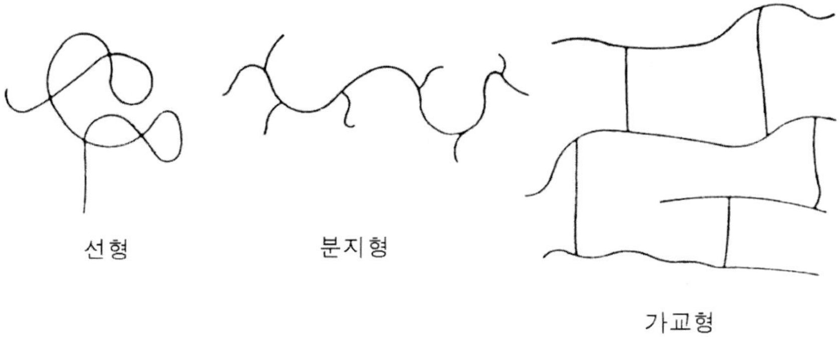

선형   분지형

가교형

그림 1.2 선형, 분지형 및 가교된 고분자들

사다리 형태의 고분자는 사슬 안에 단지 고리 단위만을 가지고 있는 경우를 말한다.

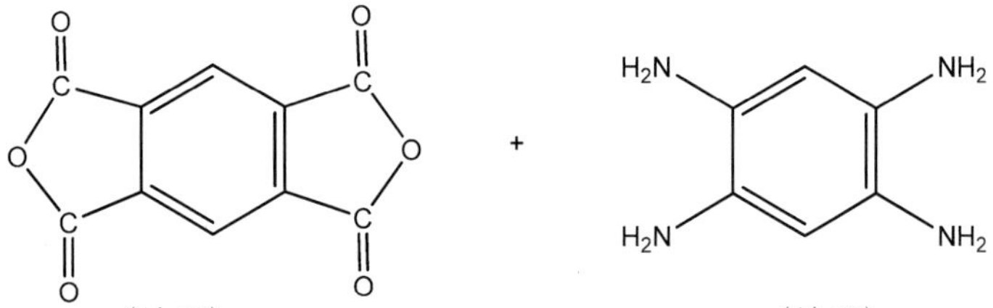

(식 12)   (식 13)

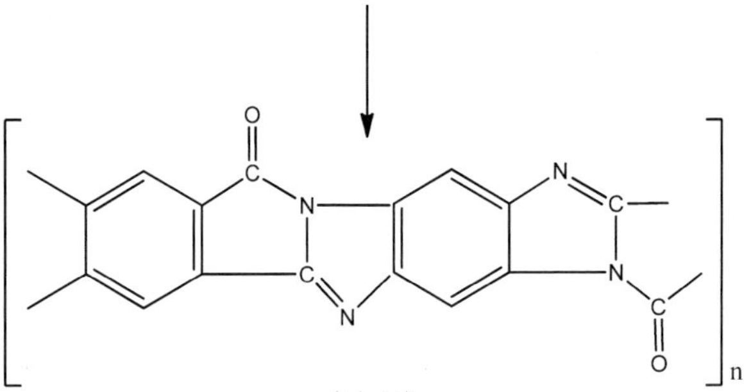

(식 14)

3.2.2 무정형 또는 결정형 구조

구조적으로, 고체상태의 고분자는 비결정질이거나 결정구조이다. 여기서 고분자의 결정구조는 배열이 규칙적이며, 비결정구조는 배열이 불규칙하고, 규칙적인 분자구조를 가지고 있지 않다.

3.2.3 단일중합체 또는 공중합체

고분자는 구조에 따라 단일중합체이거나 공중합체이다. 단일중합체는 고분자 분자 안에 단지 하나의 반복단위로 구성된 것을 의미하며, 공중합체는 고분자 분자 안에 두 가지의 다른 반복단위로 구성된 것이다.

(식 15)

공중합체의 여러 가지 유형

· 랜덤 공중합체: -AABBABABBAAABAABBA-

· 교차 공중합체: -ABABABABABABABAB-

· 블럭 공중합체: -AAAAA-BBBBBBBB-AAAAAAAAA-BBBB-

· 그래프트 고분자:

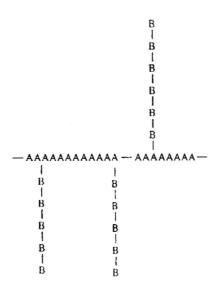

3.2.4 섬유, 플라스틱 또는 엘라스토머

고분자는 또한 섬유, 플라스틱, 엘라스토머 등으로 분류할 수 있다. 섬유는 매우 대칭적인 선형 고분자를 가지고, 엘라스토머는 불규칙한 구조를 가지며 고분자 사슬이 매우 유연하다. 그리고 플라스틱은 섬유와 엘라스토머의 중간구조를 가진다.

3.3 고분자 중합 메커니즘에 따른 분류

고분자는 형성될 때 중합반응의 유형에 따라 축합, 첨가, 고리개환 고분자 등으로 분류된다.

축합반응 고분자는 단량체, 이량체, 삼량체와 같은 2개의 분자들이 서로 반응하여 물이나 암모니아 등을 동시에 잃어버리면서 반응한다.

$$n\ HO\!-\!R\!-\!OH\ +\ n\ HOOC\!-\!R'\!-\!COOH\ \rightleftharpoons\ n\ H\!\left[O\!-\!R\!-\!O\!-\!\overset{O}{\overset{\|}{C}}\!-\!R'\!-\!\overset{O}{\overset{\|}{C}}\right]_n\!OH\ +\ n\ H_2O$$

첨가반응 고분자는 불포화 결합을 가진 단량체들의 부가반응을 통해 형성된다. 고리개환 고분자는 고리 개환 촉매와 같이 처리하여 고리형 화합물의 고리가 깨져서 중합하여 형성된다.

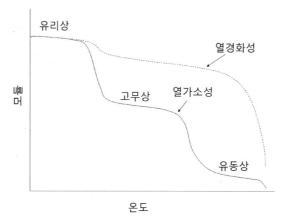

3.4 고분자 열적 거동에 따른 분류

고분자는 열가소성 또는 열경화성 고분자로 분류할 수 있다. 열가소성 고분자는 열과 압력에 의해 유연해지거나 흐른다. 기본적으로 선형, 가지형 분자로로 구성되어 있으며 대표적인 예로는 폴리에틸렌, 폴리스티렌, 나일론 등이 있다. 열경화성 고분자는 열이 가해졌을 때 고분자의 가교 등에 변화가 일어난다. 가교 결합된 분자로 구성되어 있으며, 대표적인 예로는 우레아-포름알데하이드 페놀-포름알데하이드, 에폭시 등이 있다.

그림 1.3 열가소성 수지 및 열경화성 수지에 대한 이상적인 탄성 계수-온도 곡선

3.5 고분자 중합 기술에 의한 분류

고분자는 단량체의 중합을 하는 동안의 기술에 의해 분류된다. 벌크 중합, 촉매, 금지제는 사용하나 용제는 사용하지 않는다. 단량체만을 반응시키며 용제를 사용하지 않으므로 제거하는 공정이 필요 없으나, 잔류 단량체 존재 시 제거가 어렵다. 용액 중합, 용제의 존재하에 단량체를 중합한다. 반응물인 단량체와 생성물인 고분자를 모두 녹일 수 있는 용제를 사용해야 한다. 현탁 중합, 단량체를 물속에서 격렬히 교반하여 분산시키고 물에는 녹지 않으나 단량체를 용해하는 개시제를 가하여 가열하면서 중합하는 방법이다. 유화 중합, 현탁 중합법과 비슷한 방법이나 물에 불용성인 단량체와 수용성 개시제를 사용하여 중합한다.

3.6 고분자의 용도에 의한 분류

고분자는 최종 사용 용도에 의해서도 분류될 수 있다. 다이엔 중합체는 고무 산업 분야에서 사용되며, 올레핀 중합체는 시트, 필름 섬유 산업분야에서 그리고 아크릴 코팅 및 장식재로 사용되어 분류된다.

중합 메커니즘

제2장

1. 소개

고분자는 중합반응 형태와 단량체의 구조에 따라 첨가반응 고분자, 축합반응 고분자, 개환반응 고분자로 분류되며 중합반응으로는 중합반응 메커니즘에 따라 단계반응중합(축합), 사슬반응중합(첨가)으로 분류된다. 이 장에서는 중합 메커니즘에 따라 다양한 고분자들에 대해 알아본다.

2. 사슬반응중합

불포화분자(올레핀)와 자유라디칼 형태의 사슬이 급속하게 결합 반응한다. 반응은 자유라디칼 형성제와 이온성 개시제에 의해 유도된다.

기본반응단계로 개시, 전파, 종결을 거쳐 사슬전이가 일어난다.

$$n\ H_2C\text{=}CH \longrightarrow \left[-CH_2-CH- \right]_n \quad\quad\quad\quad\quad \text{(식 2.1)}$$
$$\qquad\qquad\quad | \qquad\qquad\qquad\qquad | $$
$$\qquad\qquad\quad R \qquad\qquad\qquad\qquad R$$

2.1 개시

개시제는 보통 열적, 광학적으로 분해 가능하며 라디칼 생성이 용이한 유기화합물이다.

예로 디알킬퍼옥사이드, 디아크릴퍼옥사이드, 하이드로퍼옥사이드, 아조화합물, 루이스산 등이 있다.

Benzoyl peroxide(BPO)

(식 2.2)

Azobisisobutylonitrile(AIBN)

(식 2.3)

di-t-butylperoxide

(식 2.4)

산화 환원 개시제는 환원제 조건하에서 자유 라디칼 형성이 보다 가속화되어 열분해에 의한 중합보다 더 낮은 온도에서도 반응이 가능하다.

$$S_2O_8^{2-} + HSO_3^- \longrightarrow SO_4^{2-} + SO_4^- \cdot + HSO_3 \qquad \text{(식 2.5)}$$

$$S_2O_8^{2-} + S_2O_3^- \longrightarrow SO_4^{2-} + SO_4^- \cdot + S_2O_3^- \qquad \text{(식 2.6)}$$

$$HSO_3^- + Fe^{3+} \longrightarrow HSO_3 \cdot + Fe^{2+} \qquad \text{(식 2.7)}$$

개시제 선택 시 고려사항으로는 반응온도, 라디칼의 반응성, 단량체의 특성, 촉진제의 존재 여부 등이 있다.

촉진제의 예로 벤조일 퍼옥사이드의 분해는 삼차, 사차 아민의 존재 시 실온에서 더욱 가속화된다.

억제효과란 라디칼이 대기 중의 산소와 반응하여 퍼옥사이드와 하이드로퍼 옥사이드를 형성해 비활성화되는 현상이다. 예로 산소 억제효과에 민감한 스타이렌, 메틸메타아크 릴레이트는 질소 조건하에서 반응이 개시되도록 해야 한다.

중합 개시의 두 단계

1) 라디칼 형성

$$I - I \longrightarrow 2I\cdot \qquad \text{(식 2.8)}$$

2) 형성된 라디칼과 비닐 단량체의 결합

$$I\cdot + CH_2=\underset{R}{\overset{H}{C}} \longrightarrow I-CH_2-\underset{R}{\overset{H}{C}}\cdot \qquad \text{(식 2.9)}$$

말단 부위의 분석을 통해 개시제의 일부가 성장하는 사슬의 일부로 존재함을 확인할 수 있으며 생성되는 개시제 라디칼의 60~100%가 반응에 참여한다.

2.2 전파

전파란 라디칼과 이중결합의 반응에 의해 활성화된 분자와 단량체 간의 결합이다. 활성중심은 성장하는 고분자 사슬 말단에 계속해서 위치한다.

$$\text{I---CH}_2\text{---}\overset{\overset{\displaystyle H}{|}}{\underset{\underset{\displaystyle R}{|}}{C}}\cdot \quad + \quad \text{CH2}\!=\!\text{CHR} \quad \longrightarrow \quad \text{I---CH}_2\text{---CH---CH}_2\text{---}\overset{\overset{\displaystyle H}{|}}{\underset{\underset{\displaystyle R}{|}}{C}}\cdot$$

(식 2.10)

머리란 치환체가 결합된 탄소를 의미하며, 꼬리란 치환체가 결합되어 있지 않은 탄소를 말한다.

전파 단계가 일어나는 세가지 방법이 있다.

세가지 방법으로는 머리-꼬리(식 2.10), 머리-머리(식 2.11), 꼬리-꼬리(식 2.12) 연결이 존재한다. 여기서 머리-머리 연결이 발생 확률 가능성이 가장 높다(입체 장애 및 중간체의 안정성을 고려할 때).

$$\text{I---CH}_2\text{---}\overset{\overset{\displaystyle H}{|}}{\underset{\underset{\displaystyle R}{|}}{C}}\cdot \quad + \quad \text{CH2}\!=\!\text{CHR} \quad \longrightarrow \quad \text{I---CH}_2\text{---CH---CH}_2\text{---}\overset{\overset{\displaystyle H}{|}}{\underset{\underset{\displaystyle R}{|}}{C}}\cdot$$

(식 2.10)

$$\text{I---CH}_2\text{---}\overset{\overset{\displaystyle H}{|}}{\underset{\underset{\displaystyle R}{|}}{C}}\cdot \quad + \quad \text{CH2}\!=\!\text{CHR} \quad \longrightarrow \quad \text{I---CH}_2\text{---}\overset{\overset{\displaystyle H}{|}}{\underset{\underset{\displaystyle R}{|}}{C}}\text{---}\overset{\overset{\displaystyle H}{|}}{\underset{\underset{\displaystyle R}{|}}{C}}\text{---CH}_2\cdot$$

(식 2.11)

$$\text{I---CH}_2\text{---}\overset{\overset{\displaystyle H}{|}}{\underset{\underset{\displaystyle R}{|}}{C}}\cdot \quad + \quad \text{CH2}\!=\!\text{CHR} \quad \longrightarrow \quad \text{I---}\overset{\overset{\displaystyle H}{|}}{\underset{\underset{\displaystyle R}{|}}{C}}\text{---CH}_2\text{---CH}_2\text{---}\overset{\overset{\displaystyle H}{|}}{\underset{\underset{\displaystyle R}{|}}{C}}\cdot$$

(식 2.12)

2.3 종결(Termination)

종결에는 3가지 유형이 있다.

첫 번째, 고분자 사슬 라디칼과 개시제 라디칼의 반응이다(비생산적이며 개시 반응의 속도를 느리게 유지함으로써 조절 가능하다).

$$\text{(식 2.13)}$$

두 번째, 결합반응(식 2.14)으로 두 개의 고분자 사슬 라디칼이 결합(하나의 고분자 생성)한다.

세 번째, 비균등화 반응(식 2.15)으로 반응성 원자(보통 H)가 하나의 고분자 사슬 라디칼에서 다른 것으로 전이되어 라디칼이 소멸된다(두 개의 고분자 생성).

$$\text{(식 2.14)}$$

$$\text{(식 2.15)}$$

단량체의 성질과 반응온도에 따라 3가지 중 하나가 지배적으로 나타난다.

결합반응은 낮은 온도에서 상대적으로 비균등화 반응은 결합이 깨져야 하므로 높은 온도에서 활발히 일어난다.

2.4 사슬 전이(Chain transfer)

성장하는 고분자 사슬에서 이미 비활성인 종(단량체, 고분자, 용매 분자) 등에 성장 활성기를 전이하여 비활성화되는 과정이다(식 2.16).

$$I-\!\!\sim\!\!\!\sim\!\!-CH_2-\overset{\overset{\displaystyle H}{|}}{\underset{\underset{\displaystyle R}{|}}{C}}\cdot \;+\; TA \;\longrightarrow\; I-\!\!\sim\!\!\!\sim\!\!-CH_2-\overset{\overset{\displaystyle H}{|}}{\underset{\underset{\displaystyle R}{|}}{C}}-T \;+\; A\cdot \qquad \text{(식 2.16)}$$

라디칼의 전체 수에는 변함이 없고 평균 고분자 사슬의 길이 감소가 발생하며 때때로 분지화의 원인이 된다.

2.5 다이엔 중합반응(Diene polymerization)

(마찬가지로 이중결합을 통해 고분자가 생성됨)

공액 다이엔의 예로 부타다이엔, 클로로프렌, 이소프렌 등이 있다.

$$H_2C\!=\!\!=\!\!CH-CH\!=\!\!=\!\!CH_2 \qquad H_2C\!=\!\!=\!\!\overset{\overset{\displaystyle Cl}{|}}{C}-CH\!=\!\!=\!\!CH_2 \qquad H_2C\!=\!\!=\!\!\overset{\overset{\displaystyle CH_3}{|}}{C}-CH\!=\!\!=\!\!CH_2 \qquad \text{(구조 1)}$$

발생 가능한 반응경로(식 2.17)

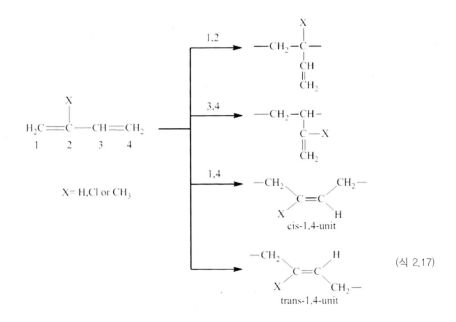

(식 2.17)

　다이엔 중합반응을 통해 다양한 이성질체 단위가 생성된다. 개시제의 특성, 실험조건, 다이엔의 구조에 따라 이성질체의 생성 비율이 변하며 이에 따라 고분자의 열적, 물리적 성질이 달라진다.

　예를 들어 부타다이엔의 경우 낮은 온도에서는 트랜스-1,4 단위(80%)와 트랜스-1,3 단위(20%)가 생성된다. 높은 온도에서는 상대적으로 cis-1,4 단위의 농도가 증가하며, 리튬 개시제(n-부틸리튬)와 비극성용매(펜탄, 헥산의 경우 cis-1,4 unit)의 농도가 증가한다.

　사슬 중합 메커니즘은 개시제 메커니즘에 따라 자유 라디칼중합, 이온중합, 배위중합으로 구분된다. 개시에서 반응 종료까지의 반응 시간은 수십분의 1초 내외로 소요된다(수십만~수만 개의 단량체가 반응에 참여).

　구조 단위가 화학적으로 사용된 단량체와 일치하며(식 2.18) 첨가반응 고분자의 명칭은 단량체의 명칭을 기준으로 명명한다(표 2.1).

$$n \; \underset{H}{\overset{H}{C}} = \underset{X}{\overset{R}{C}} \longrightarrow \left[\underset{H}{\overset{H}{C}} - \underset{X}{\overset{R}{C}} \right]_n \qquad \text{(식 2.18)}$$

[R: 수소(H), 알킬 그룹, X: 몇몇 그룹(−Cl, −CN)]

표 2.1 몇몇 대표 첨가 고분자

$$n \; \underset{H}{\overset{H}{C}} = \underset{R}{\overset{H}{C}} \longrightarrow \left[\underset{H}{\overset{H}{C}} - \underset{X}{\overset{R}{C}} \right]_n$$

	monomer	polymer
R	monomer	polymer
H	Ethylene	Polyethylene
CH_3	Propylene	Polypropylene
Cl	Vinyl chloride	Poly(vinyl chloride)
CN	Acrylonitrile	Poly acrylonitrile
⬡	Styrene	Polystyrene
$\overset{O}{\underset{CH_3}{C=O}}$	Vinyl acetate	Poly(vinyl acetate)
$\underset{CH_3}{\overset{C=O}{O}}$	Methyl acrylate	Poly(methyl acrylate)

$$n \; \underset{R_2}{\overset{R_1}{C}} = \underset{R_4}{\overset{R_3}{C}} \longrightarrow \left[\underset{R_2}{\overset{R_1}{C}} - \underset{R_4}{\overset{R_3}{C}} \right]_n$$

표 2.1 (계속) 몇몇 대표 첨가 고분자

R$_1$	R$_2$	R$_3$	R$_4$	Monomer	Polymer
H	H	CH$_3$	$\begin{matrix}C=O\\|\\O\\|\\CH_3\end{matrix}$	Methyl methacrylate	Poly(methyl methacrylate)
H	H	Cl	Cl	Vinylidene chloride	Poly(vinylidene chloride)
H	H	F	F	Vinylidene fluoride	Poly(Vinylidene fluoride)
F	F	F	F	Tetrafluoro ethylene	Polytetrafluoro ethylene

3. 이온, 배위 중합반응(Ionic and Coordination Polymerization)

이온 중합반응(ionic polymerization)은 유기이온 또는 전하를 띠는 유기 그룹으로 된 사슬 이동제가 발생하고 성장하는 사슬의 말단은 (-) 또는 (+) 전하를 띠며 이것이 계속해서 반응 중심 역할을 한다. 배위 중합반응은 촉매, 단량체, 성장 사슬 간에 배위화합물이 만들어진다.

3.1 양이온성 중합반응(cationic polymerization)

전자주개 그룹이 단량체인 경우(이소 부틸렌)에는 양이온 촉매(BF$_3$, AlCl$_3$)와 보조촉매(H$_2$O) 존재 시 고분자를 형성한다. 개시 과정에서 단량체는 프로톤을 받아들여 카르보늄 이온을 형성한다(식 2.19).

$$BF_3 \cdot H_2O + CH_2=\overset{\overset{CH_3}{|}}{\underset{\underset{CH_3}{|}}{C}} \longrightarrow CH_3-\overset{\overset{CH_3}{|}}{\underset{\underset{CH_3}{|}}{C}}^- \ [BF_3OH]^-$$

(식 2.19)

연쇄과정은 단량체 분자가 성장 사슬 말단의 카르보늄 이온에 연속적으로 결합하는 과정이다. 종결반응에서는 재배열에 의해 불포화된 말단기를 가진 고분자가 생기거나 단량체, 고분자로 사슬 전이가 발생한다. 보통 용액 반응으로 낮은 온도(-80~-100℃)에서 이루어진다. 양이온과 반대이온의 거리가 가깝기 때문에 만약 이온쌍 간의 결합이 너무 강하면 연쇄반응이 방해를 받으므로 용매 선택에 신중을 기해야 한다. 통상적으로 용매의 유전 세기가 증가함에 따라 고분자 사슬의 길이는 선형적으로, 반응속도는 지속적으로 증가한다.

3.2 음이온성 중합반응(anionic polymerization)

전자 끌개 치환기가 있는 단량체에서 발생한다(스타이렌, 아크릴로나이트릴, 부타다이엔, 에틸렌옥사이드, 락톤 등).

개시제로는 강한 친핵체(그리냐드 시약)인 것이 가능하고 개시반응에서는 개시제가 단량체의 이중결합에 결합하여 머리말단에 (-)전하, 카르보음이온이 생긴다(식 2.20).

$$n\!-\!\!-\!C_4H_8^-\;Li^+ + CH\!=\!CH_2 \longrightarrow n\!-\!\!-\!C_4H_8\!-\!CH_2\!-\!CH^-\;Li^+ \qquad \text{(식 2.20)}$$

전파단계는 개시에서 생긴 카르보음이온과 단량체의 연속적인 결합으로 진행된다. 만약 낮은 온도에서 반응이 진행될 경우에는 사슬 전이나 분지화는 발생하지 않는다. 종결단계에서 활성 사슬 말단과 반응 가능한 물질을 반응이 첨가하며 준다. 자유 라디칼 반응이나 음이온성 중합반응 개시제가 최종 생성되는 고분자의 일부가 되나 이와 대조적으로 양이온성 중합반응에서는 촉매가 개시, 연쇄를 위해 필요하고 종료단계에서 다시 재생된다. 리빙 폴리머는 모든 단량체가 소진된 후에도 여전히 활성을 띠는 고분자분자로서 새로운 단량체가 첨가되면 성장 반응이 계속 진행된다. 사슬 말단의 성장 속도는 동일하므로 리빙 폴리머의 분자량은 다음과 같다.

중합도(DP)=[단량체]/[개시제]

리빙 폴리머에 의해 만들어진 고분자의 분자량 분포는 매우 좁다.

D(다분산성)=중량평균분자량(M_w)/수평균분자량(Mn)=1+1/중합도(DP)

M_w: 중량 평균 분자량(MW)

Mn: 수 평균 분자량(MW)

리빙 폴리머를 이용해 블록 고분자(성형 고분자, 빗살형 고분자)의 합성이 가능하고 중합 사슬의 하나 혹은 두 개의 말단이 다양한 치환기로 치환된 고분자 합성이 가능하다.

3.3 배위 중합반응(coordination polymerization)

이중결합에 대해 비대칭적으로 배치된 사이드 그룹이 있는 단량체를 사용하면 사이드 그룹이 정확한 입체 화학적 공간 배열을 가지는 고분자의 합성이 가능하다.

양이온성 중합반응과 음이온성 중합반응 두 반응에서 개시 이온과 반대 이온의 결합특성에 따라 연결되는 단량체의 위치가 정해지는데 그 정도는 고분자화 조건에 좌우된다. 또한 분자화되지 않은 또는 입체 특이적인 고분자(동일배열, 교대배열)는 Zieher-Natta 촉매를 써서 만들 수 있는데 이 촉매는 ⅣB에서 ⅧB까지의 전이금속 화합물로부터 유도되는데 보통 ⅠA 또는 ⅢA 금속으로 된 유기금속 화합물이다. 전형적인 촉매 복합체는 $TiCl_3$와 AlR_3에 의해 유도된다(구조 2).

(구조 2)

반응 종결은 물이나 광자, 방향족 알코올, 아연과 같은 금속이 반응에 첨가한다.

4. 단계 성장 중합반응[Step-growth Polymerization(SGP)]

단계 성장 중합반응는 어느 두 개의 종(단량체, 다이머, 트리머…)이 언제든지 반응하여 더 큰 분자를 형성할 수 있는 반응을 뜻한다(에스터 반응, 에스터 교환반응, 아마이드화 반응).

단계적 반응은 반응하는 분자에 있는 작용기 쌍 사이에서 일어나는데 대부분의 경우, 부산물로서 물과 같은 작은 분자의 제거 반응이 수반된다(전형적인 축합 형태의 SGP반응이 글라이콜와 디카르복실산 간의 폴리에스터 형성 반응).

형태가 한 가지 이상인 단량체가 반응에 관여하는데 각 단량체는 적어도 둘 이상의 반응성 작용기를 가지고 있어야 하며 같은 형태의 단량체만 반응에 참여하는 경우(A-B SPG)에는 단량체의 작용기는 서로 상이해야 하며 분자 내 반응이 가능하다.

예시로 ω-하이드록시카프로산의 자기 축합에 의한 지방족 폴리에스터 형성 반응의 경우 두 작용기가 반응하여 에스터 결합을 만든다.

(식 2.21)

(1)-hydroxycproic acid   polycaprolactone

형태가 한 가지 이상인 분자들이 관여된 반응에서는 각 형태의 단량체에 있는 작용기는 같지만 다른 형태의 단량체에 있는 다른 작용기와 반응하여 분자 간 반응이 가능하다(A-A/B-B).

terephthalic acid   ethylene glycol

poly(ethylene terephthalate)

(식 2.22)

단계 성장 중합반응 SPG의 분류로는 축합 중합과 첨가 중합 2가지가 있다. 축합반응은 작은 분자가 각 진행단계에서 진행되며(식 2.23), 첨가중합은 작은 분자의 제거 없이 단량체가 차례로 반응한다(식 2.24).

$$A - R - A + B - R' - B \rightarrow A - R - R' - B + AB$$ (식 2.23)

polycomdensation

$$A - R - A + B - R' - B \rightarrow A - R - AB - R' - B$$ (식 2.24)

polyaddition

첨가중합은 폴리우레탄, 폴리우레아 제조 2가지가 있다. 폴리우레탄 제조의 예로 다이올과 디이소시아네이트의 반응이 있다(식 2.25). 폴리우레아 제조의 예로는 디이소시아네이트와 디아민의 반응이 있다(식 2.26).

$$n\text{HO}-\left(\text{CH}_2\right)_4-\text{OH} \;+\; =\text{C}=\text{N}-\left(\text{CH}_2\right)_6-\text{N}=\text{C}=\text{O}$$

1.4-butanediol 　　　　　　　1.6-hexane diisocyanate

basic
catalyst

$$\left[-\text{O}-\left(\text{CH}_2\right)_4-\boxed{\text{O}-\overset{\overset{\text{O}}{\|}}{\text{C}}-\overset{\overset{\text{H}}{|}}{\text{N}}}-\left(\text{CH}_2\right)_6-\overset{\overset{\text{H}}{|}}{\text{N}}-\overset{\overset{\text{O}}{\|}}{\text{C}}\right]_n$$　　　(식 2.25)

Polyurethane

$$n\,\text{H}_2\text{N}-\left(\text{CH}_2\right)_6-\text{NH}_2 \;+\; n\text{O}=\text{C}=\text{N}-\left(\text{CH}_2\right)_6-\text{N}=\text{C}=\text{O}$$

hexamethylenediamine 　　　hexamethylene diisocyanate

basic
catalyst

$$\left[-\overset{\overset{\text{H}}{|}}{\text{N}}-\left(\text{CH}_2\right)_6-\boxed{\overset{\overset{\text{H}}{|}}{\text{N}}-\overset{\overset{\text{O}}{\|}}{\text{C}}-\overset{\overset{\text{H}}{|}}{\text{N}}}-\left(\text{CH}_2\right)_6-\overset{\overset{\text{H}}{|}}{\text{N}}-\overset{\overset{\text{O}}{\|}}{\text{C}}\right]_n$$　　　(식 2.26)

Polyurea

표 2.2 몇몇 관능기와 단위 사이 고분자의 특성

관능기 반응물	단위 사이 결합 특성	고분자 유형
—OH + —COOH	$-\overset{\overset{\text{O}}{\|}}{\text{C}}-\text{O}-$	Polyester
—NH₂ + —COOH	$-\overset{\overset{\text{O}}{\|}}{\text{C}}-\overset{\overset{\text{H}}{|}}{\text{N}}-$	Polyamide
—OH + —NCO	$-\text{O}-\overset{\overset{\text{O}}{\|}}{\text{C}}-\overset{\overset{\text{H}}{|}}{\text{N}}-$	Polyurethane
—NH₂ + —NCO	$-\overset{\overset{\text{H}}{|}}{\text{N}}-\overset{\overset{\text{O}}{\|}}{\text{C}}-\overset{\overset{\text{H}}{|}}{\text{N}}-$	Polyurea
—COOH + —COOH	$-\overset{\overset{\text{O}}{\|}}{\text{C}}-\text{O}-\overset{\overset{\text{O}}{\|}}{\text{C}}-$	Polyanhydride
—OH + —OH	—O—	Polyether
$-\overset{\text{CH}-\text{CH}}{\underset{\text{O}}{\diagdown\diagup}}-$	—O—	Polyether
$\text{HO}-\overset{\overset{\text{O}}{\|}}{\text{C}}-\text{OH}$	$-\text{O}-\overset{\overset{\text{O}}{\|}}{\text{C}}-\text{O}-$	Polycarbonate

사슬 중합반응에 의한 첨가반응 고분자와 달리 단계 성장 중합반응에서는 구조 단위가 단량체와 다르므로 단계 성장 중합반응의 명칭은 특징적인 반응 유형(단위체 사이 결합)로부터 유도하며 명명한다.

예로 글라이콜과 디카복실산 간의 반응에서 생성물은 폴리에스터로서 −OH와 −COOH 사이의 반응명과 일치한다. 따라서 축합반응 고분자의 구체적인 화학적 구조는 단순히 고분자의 명칭만으로 알기 어렵다. 더욱이 고분자의 골격은 불균일해서 탄소 이외에 산소나 질소, 황, 규소가 포함되기도 한다.

표 2.3 사슬 및 단계 중합 메커니즘에 뚜렷한 특징

사슬 중합	단계 중합
성장 반응은 한 번에 하나씩 사슬에 반복단위가 추가된다.	두 가지 형태로 존재하는 분자가 반응한다.
단량체 농도는 반응을 통해 꾸준히 감소한다.	반응초기에 단량체가 사라진다. (DP 10, 단량체 1% 미만)
고분자는 한 번에 형성이 되며, 전반적인 반응에 고분자 분자량의 변화가 거의 없다.	반응을 통해 고분자 분자량은 계속 증가한다.
반응 혼합물은 단량체, 고분자 및 약10^{-5} 만큼의 성장 사슬이 있다.	어떠한 단계에서도 모든 분자 종들은 예측 가능한 분포 범위에서 존재한다.

4.1 전형적인 단계 성장 중합반응

4.1.1 폴리에스터

예로 폴리에틸렌 테레프탈레이트(PETP, 구조 3)는 부피가 가장 큰 합성 섬유로서 필름이나 용기 제조에 사용되며 이관능 단량체 간의 반응으로 생성되는 선형고분자이다.

xCH₃O–CO–[benzene]–CO–OCH₃ + 2x HO–CH₂CH₂–OH

$$x\,CH_3O\!-\!\overset{O}{\underset{\parallel}{C}}\!-\!\bigcirc\!-\!\overset{O}{\underset{\parallel}{C}}\!-\!OCH_3 \;+\; 2x\,HO\!-\!CH_2CH_2\!-\!OH$$

dimethyl terephtalate   ethylene glycol

catalyst
150 - 200 °C

$$n\,OH\!-\!CH_2CH_2\!-\!O\!-\!\left[\overset{O}{\underset{\parallel}{C}}\!-\!\bigcirc\!-\!\overset{O}{\underset{\parallel}{C}}\!-\!O\cdot CH_2CH_2CH_2\right]_n\!\!-\!H \;+\; 2x\,CH_3OH$$

catalyst
260 - 300 °C

$$\left[-\overset{O}{\underset{\parallel}{C}}\!-\!\bigcirc\!-\!\overset{O}{\underset{\parallel}{C}}\!-\!O\!-\!CH_2CH_2\!-\!O\!-\right]_{nx} \;+\; nx\,OH\!-\!CH_2CH_2\!-\!OH \qquad (구조\ 3)$$

poly(ethylene terephthalate)

  합성 과정으로는 첫 번째, 에틸렌 글라이콜과 함께 올리고머(x=1-4) 생성하며 두 번째, 메탄올과 함께 고분자 생성한다.

  가지가 달리거나 또는 네트워크성 폴리에스터는 반응물 중 하나가 트리, 다관능기인 경우 가능하다. 예로 포화 폴리에스터(글리프탈) 접착제 제조에는 글리세롤과 같은 폴리올을 사용한다(식 2.27). 이 반응은 진행될수록 점성이 증가되어 네트워크 구조를 형성한다. 불포화 폴리에스터 제조에는 무수 말레익산 같은 불포화 디카르복실산을 사용한다.

Phthatic anhydride   Glycerol

(식 2.27)

알키드 수지는 코팅 산업에서 매우 중요한 폴리에스터로서 천연 또는 합성 오일로 변형된 글리프탈을 예로 들 수 있다.

Phthalic anhydride   Glycerol   Fatty acid

(식 2.28)

4.2 폴리카보네이트

폴리카보네이트탄산(HOCOOH)으로부터 유도되는 폴리에스터의 특수한
부류로 폴리아마이드 다음으로 부피가 큰 열가소성 수지이다.

(구조 4)

폴리카보네이트의 제조는 방향족성 디하이드록 화합물(비스페놀 A 등)을
탄산 유도체(포스젠 등)와 반응시켜 만든다.

bisphenol A   phosgene

polycarbonate

(식 2.29)

bisphenol A   dipheyl carbonate

polycarbonate

(식 2.30)

4.3 폴리아마이드(나일론)

폴리아마이드의 4가지 이론적 합성법으로는 디카르복실산과 디아민의 축합반응(1), 이염기산 클로라이드와 디아민 반응)(2), 아미노산 간의 탈수화 축합반응(3), 락탐의 개환에 의한 중합반응)(4)이 있다. 나일론 6.6은 (1), (2) nylon 6은 (3), (4) 반응에 의해 합성된다.

나일론 6.6(구조 5)의 고전적 합성법은 아디픽산과 헥사메틸렌디아민을 직접 반응시키는 것인데 작용기 간의 정확한 화학 양론적 당량을 이루기 위해선 우선 두 반응물의 1:1 비로 염을 만든다. 높은 온도에서 가열한다.

즉, 반응 초기에 헥사메틸렌 디암모늄 아디페이트 중간체 염이 생성되고, 재결정된 염의 60~80% 슬러지의 발생 압력을 220~250psi로 유지하며 가열하여 270~280℃로 높이면 80~90%의 단량체가 중합되게 된다.

$$HO-\overset{\overset{O}{\|}}{C}-(CH_2)_4-\overset{\overset{O}{\|}}{C}-OH_2 \ + \ H_2N-(CH_2)_6-NH_2$$

adipic acid　　　　　　　　　　hexamethylenediamin

heat

$$\left[\ \overset{\ominus}{O}-\overset{\overset{O}{\|}}{C}-(CH_2)_4-\overset{\overset{O}{\|}}{C}-\overset{\ominus}{O}\ \right]\left[\ \overset{\oplus}{H_3N}-(CH_2)_6-\overset{\oplus}{NH_3}\ \right]$$

hexamethylene diammonium adipate salt

heat

$$\left[\ -\overset{\overset{O}{\|}}{C}-(CH_2)_4-\overset{\overset{O}{\|}}{C}-\overset{\overset{H}{|}}{N}-(CH_2)_6-\overset{\overset{H}{|}}{N}-\ \right]\ +\ 2H_2O$$ （구조 5）

nylon 6.6

반응이 두 개의 반응물과 생성되는 고분자의 녹는점 이상에서 진행되므로 용융 중합반응이라 한다.

상업적으로 중요한 다른 폴리아마이드에는 나일론 11, 12, (6,10), (6,12)가 있는데 여기서 숫자는 단량체에 있는 탄소원자의 숫자를 의미한다. 즉, A-A/B-B 나일론을 지정할 때 앞 숫자는 디아민에 있는 탄소원자의 수, 뒷 숫자는 산에 있는 전체 탄소원자의 수를 나타낸다. 1960년대 열저항성을 향상시키기 위해 방향족성 폴리아마이드가 개발됨. 예시로 폴리(m-페닐렌이소프탈아마이드)

isophthaloyl chloride

poly(m-phenyleneisophthalamide)
(Nomex)

(식 2.31)

폴리(p-페닐렌테레프탈아마이드), 케블락은 노멕스에 대응하는 선형 방향족성 폴리아마이드로서 500℃ 이상에서 분해된다. 이러한 높은 열 산화안정성은 주사슬에 지방족 단위가 없기 때문으로 풀이된다.

p-phenylenediamine　　　　terephtaloyl chloride　　　　　−HCl

poly(p-phenylenerephthalamide)
(Kevlar)

(식 2.32)

4.4 폴리이미드

폴리이미드와 디아민의 반응으로부터 만들어지는 축합반응 고분자로서 일반적으로 아로마틱 언하이드라이드와 다이알리파틱 다이아민 간의 반응으로 합성된다. 특히 방향족 폴리이미드는 아로마틱 언하이드라이드와 아로마틱 다이아민 간의 반응으로 생성되는데 두 단계를 거친다.

첫 단계에서 적당한 용매(디메틸아세트아마이드)에서 축합반응에 의해 용해성 선구체나 폴리아믹산이 만들어지고 두 번째 단계에서는 온도를 상승시켜 탈수화 반응을 유도한다. 폴리아믹산과 달리 완전 경화된 폴리이미드는 높은 열산화 안정성과 전기적 절연성질로 불용성 물질이다.

pyromellitic dianhydride   m-phenyldiamine

30 - 40°C

poly(amic acid)

150 - 250°C

2nH₂O

(식 2.33)

poly(m-phenylpyromellitimide)

(4)

폴리이미드가 보다 유용한 고분자가 되려면 열가공성이 좋아야 하는데 (녹기 쉬워야 함) 이것은 기본 이미드 구조를 보다 유연한 방향족성 그룹과 결합시키면 가능하다. 즉, 방향족성 에테르나 아마이드 등을 부여할 수 있는 디아민을 사용한다.

예로 폴리아마이드-이미드는 트리멜리틱 무수물과 방향족 디아민의 반응으로 형성된다.

(구조 6)

4.5 폴리벤지이미다졸 & 폴리벤조옥사졸

비닐 고분자에 치환된 방향족 화합물은 생성된 고분자의 특성에 상당한 영향을 끼친다. 방향족성 폴리아마이드와 방향족성 폴리에스터에서 방향족 고리는 3개의 연속된 단일결합에 의해 각각 분리된다. 이 결합들과 관련된 두 개의 사면각은 어느 정도 사슬의 유연성을 허용하고 이것은 생성된 고분자의 기계적, 열적 성질을 조절한다(구조 7).

(구조 7)

polyamide   polyester

유연성을 감소시키고 기계적, 열적 성질을 향상시키는 한 가지 방법은 방향족성 고리 사이의 단일결합의 개수를 감소시키는 것인데 폴리에테르, 다황화물, 폴리설폰에는 단일결합 두 개가 연속 결합되어 있어 사면각은 고리 사이에 하나만 존재한다(구조 8).

polyether   polysulfide   polysulfone

(구조 8)

방향족성 폴리이미드에선, 폴리아마이드의 방향족 그룹 간의 3개의 연속된 단일결합 가운데 두 개가 새로운 결합을 형성한다(카르복실 그룹:아미노 그룹=2:1).

만약 방향족성 카르복실 그룹과 아미노 그룹의 몰비가 1:2라면 폴리벤즈이미드아졸이 형성되고 카르복실 그룹:아미노 그룹:하이드록시 그룹의 몰비가 1:1:1이면 폴리벤조옥사졸이 만들어진다.

terephthalic acid   3,3 diaminobenzidine

polybenzimidazole

(식 2.34)

terephthalic acid   4,6-diamino- 1.3-benzenediol dihydroehloride

polybenzoxazole

(식 2.35)

4.6 방향족성 사다리형 고분자

선형 거대분자의 강성을 증가시키는 다음 단계는 주사슬의 단일 결합을 제거하고 주사슬이 축합된 고리 단위체로만 구성되게 하는 것이다.

(구조 9)

방향족성 사다리형 고분자는 2개의 사슬 고분자로 불리는데 이는 골격이 두 개의 사슬로 되어 있기 때문이다. 따라서 사다리형 고분자의 사슬이 완전히 끊어져서 분자량이 더 감소된 고분자로 바뀌려면 두 개의 사슬이 동시에 끊어져야 하므로(발생확률이 매우 낮다) 이들은 특수한 열적, 기계적, 전기적 특성을 갖는다.

예를 들어 폴리이미드아조피롤론에는 긴 사다리 부분이 생기는데 이 화합물은 아로마틱 다이언하이드라이드와 오르쏘 방향족 테트라아민과 반응시켜 만든다.

(식 2.36)

4.7 포름알데히드 수지

아미노플라스트, 페노플라스트(열경화성 고분자의 일종) 제조에 포름알데
히드를 사용한다. 아미노플라스트의 제조에는 요소(UF 수지) 또는 멜라민
(MF 수지)을 포름알데히드와 반응시킨다. 페노플라스트의 제조에는 페놀이
나 레조르시놀과 포름알데히드를 반응시킨다.

4.7.1 요소-포름알데히드 수지

1단계로는 요소와 포름알데히드가 약염기 조건에서 반응하여 요소의 메
틸올 유도체를 형성한다. 2단계로는 산 조건에서 메틸올 유도체 간의 축합
반응으로 네트워크 구조를 형성한다.

$$H_2N-\overset{\displaystyle O}{\underset{\displaystyle \|}{C}}-NH_2 \quad + \quad HO-CH_2-OH$$

Urea   formaldehyde(aqueous)

$$\downarrow$$

$$H_2N-\overset{\displaystyle O}{\underset{\displaystyle \|}{C}}-NH-CH_2-OH$$

(monomethylol urea)

(식 2.37)

$$\downarrow \quad HO-CH_2-OH$$

$$HO-CH_2-NH-\overset{\displaystyle O}{\underset{\displaystyle \|}{C}}-NH-CH_2-OH$$

(dimethylol urea)

$$-N-\overset{\displaystyle O}{\underset{\displaystyle \|}{C}}-NH-CH_2\,OH \quad + \quad HO\,CH_2-NH-\overset{\displaystyle O}{\underset{\displaystyle \|}{C}}-N-$$

(식 2.38)

4.7.2 멜라민-포름알데히드 수지

생성과정으로는 멜라민의 메틸올 유도체를 형성하며, 멜라민 간의 메틸렌 다리를 형성한다(식 2.39).

(식 2.39)

4.7.3 페놀-포름알데히드 수지

페놀계 수지는 페놀에 포름알데히드를 염기성 촉매(⇒레졸)나 산성 촉매 (노볼락)하에서 첨가하여 만든다. 레졸을 제조하는 방법으로 페놀에 과량의 포름알데히드를 반응시켜 메틸올 페놀의 혼합물을 만든다. 가열하면 축합되 면서 용해성이 우수한 저분자량 프리폴리머나 레졸이 만들어지고 더 높은 온도에서 가열을 계속하면 고분자량의 네트워크 구조나 메틸렌 다리로 연 결된 페놀계 링이 생성된다.

(식 2.40)

노볼락 제조는 포름알데히드와 과량의 페놀 반응으로 생성된다. 레졸과 달리 메틸올 잔기가 없다.

(구조 10)

4.8 폴리에스터

방향족 단위체는 지방족 단위체 대신 주사슬에 들어가면 고분자의 열 안정성이 향상된다.

예를 들어 폴리프로필렌 옥사이드, 폴리프로필렌 옥사이드는 높은 충격강도, 내산성, 낮은 수분 흡수율을 갖는다.

폴리프로필렌 옥사이드 제조방법으로는 2.6-디메틸페놀(2,6-크실레놀)의 자유 라디칼 중합반응, 단계-성장 중합반응, 산화 축합반응을 통해 만들어지는데 반응 과정에서 산소를 2,6-크실레놀, 염화 구리(I), 피리딘이 있는 반응화합물에 전달한다.

(식 2.41)

4.9 다황화물

다황화물이나 방향족성 폴리싸이오에테르는 구조와 특성에서 폴리이서와 밀접한 관련을 지닌다. 예를 들어 폴리프로필렌 설파이드의 제조방법으로는 p-클로로벤젠과 황화나트륨의 축합반응으로 제조된다.

(식 2.42)

4.10 폴리설폰(높은 온도에서 열저항성이 우수한 열가소성 플라스틱)

폴리설폰의 제조방법으로는 비스페네이트의 알카리염을 활성화된 방향족성 디할라이드로 친핵 치환시켜 만든다.

예를 들어 비스페놀A 폴리설폰는 비스페놀A의 디소듐염과 디클로로디페닐 설폰이 반응한다(반응온도: 160℃).

disodium salt of bisphenol A   4,4'-dichlorodiphenyl sulfone

(식 2.43)

5. 개환 중합반응[Ring-opening Polymerization(ROP)]

축합 중합반응과의 차이는 반응도중 작은 분자가 떨어져 생성되지 않으며 첨가 중합반응과 다른 점은 반응의 추진력이 불포화결합의 소실로부터 유도되지 않는다는 점이다. 고분자의 합성은 에틸렌 옥사이드, 프로필렌 옥사이드, 고리형 에테르(트리옥센, 테트라 하이드로 퓨란), 고리형 에스터(락톤), 고리형 아마이드(락탐), 고리형 올레핀, 실록산 같은 고리 유기화합물의 개환으로 이루어진다.

반응순서는 고리형 단량체의 개환 후 첨가 중합반응 순서이며, 생성된 고분자는 보통 선형구조로서 구조 단위는 보통 단량체와 같은 조성을 가진다.

$$n \underset{(CH_2)_y}{\overset{X}{\bigcirc}} \longrightarrow \left[(CH_2)_y - X \right]_n$$

(식 2.44)

X: O, S, NH, −O−CO−, −NH−CO−, −C=C−

표 2.4 개환 중합의 일반적인 예

단량체	고분자	메커니즘
trioxane	$\left[-CH_2-O- \right]_n$ Polyoxymethylene	양이온
Ethylene oxide	$\left[CH_2-CH_2-O \right]_n$ Poly(ethylene oxide)	음이온, 양이온, 배위중합
tetrahydrofuran	$\left[(CH_2)_4-O \right]_n$ Poly(tetremethylnenoxide)	양이온
Caprolactam	$\left[-N-(CH_2)_5-C- \right]_n$ Polycaprolactam (Nylon 6)	가수분해, 음이온

caprolactone

polycaprolactone

음이온, 양이온

Dimethylsiloxane (Cyclictetramer)

Poly(dimethylsiloxane)

음이온, 양이온

5.1 폴리프로필렌 옥사이드

친핵성 작용기(-OH)가 공간 방해가 가장 적은 탄소를 공격하여 알콕사이드를 만들고 연쇄반응이 진행되면서 선형고분자가 생성된다.

(식 2.45)

5.2 에폭시 수지

보통 염기성 촉매하에서 에폭사이드(클로로하이드린)와 폴리하이드록시 화합물(비스페놀 A)과의 반응으로 만든다.

bisphenol A   epichlorohydrin

$$NaOH \cdot NaCl$$

(식 2.46)

에피클로로하이드린과 비스페놀A의 반응 몰비는 10:1에서 1.2:1까지 가능하며 생성된 수지는 액체에서 고체로 점성이 다르고 분자량 또한 다양하게 만들 수 있다. 생성물은 올리고머(예비고분자)이며 그 자체로는 그대로 사용되지 않으며 1차, 2차 아민 같은 반응물과의 반응을 통해 가교, 경화된다.

5.3 폴리카프로락탐(나일론 Nylon 6)

나일론은 카프로락탐을 물이나(가수분해반응), 강한 염기(음이온성 반응)에 의하여 합성한다. 나일론은 카프로락탐의 가수분해 반응을 통한 고분자 생성물이다(식 2.47).

(산소가 없는 조건, 반응온도: 250~270℃; 반응시간: 12~14시간)

(식 2.47)

(식 2.48)

단량체의 8~10%가 반응하지 않고 남는데 생성된 고분자의 가공과 특성 향상을 위해 추출이나 진공상태에서 증발시켜 반드시 제거해야 한다.

나일론 6 두 번째 합성반응은 카프로락탐의 음이온 반응을 통한 고분자 생성물이다.

높은 온도에서의 중합반응는 나일론의 녹는점 이상(200℃)에서 진행한다. 낮은 온도에서의 중합반응는 카프로락탐의 녹는점 이상, 나일론 6의 녹는점 이하(140~180℃)에서 진행한다. 강염기로는 수소화나트륨, 그리나드 시약을 사용한다.

낮은 온도 반응에서는 N-아크릴 카프로락탐 또는 아크릴-요소 같은 보조 개시제를 함께 반응에 첨가한다.

반응 1:

monomercatalyst

반응 2:

initiatior   monomer

낮은 온도 반응에서 잔류 단량체의 양은 2% 이하로서 보다 순수한 반응물을 얻을 수 있다.

화학적 결합과 고분자구조

제3장

1. 화학적 결합

화학적 결합 전자와 관련해 1차나 2차로 분류된다. 1차 결합으로는 이온성결합, 공유결합, 금속 3가지 결합이 있다. 2차 결합으로는 쌍극자, 수소, 유도, 반데르발스(분산) 등 4가지 결합이 있다.

1.1 이온결합

이온결합이란 원자는 전기적으로 중성인데 그 종류에 따라 전자를 얻기도 하고 전자를 잃기도 하며 안정된 비활성 기체와 같은 전자배치를 취하려는 경향이 있다. 원자가 전자를 잃으면 양이온이 되고, 얻으면 음이온이 되는데, 이 양이온과 음이온이 서로 정전기적인 인력으로 맺어지는 결합을 이온결합이라고 한다.

$$Na^+ + Cl^- \rightarrow NaCl$$

염화나트륨(NaCl)은 위 두 이온 간의 전기적으로 끌어당기는 힘에 의해 안정화된다.

1.2 공유결합

공유결합은 전자를 서로 공유함으로써 결합을 이룬다.

$$C + 4H \dashrightarrow \quad \overset{\overset{\displaystyle H}{\cdot\cdot}}{\underset{\overset{\cdot\cdot}{\displaystyle H}}{H\!:\!C\!:\!H}} \quad or \quad \begin{matrix} & H & \\ | & | & | \\ H & - C - & H \\ & | & \\ & H & \end{matrix}$$

공유결합은 전자쌍의 수에 따라 단일, 이중, 삼중결합으로 분류된다.

1.3 쌍극자 힘

크기가 같은 양, 음 두 극이 아주 가까운 거리를 두고 대하고 있을 때 이두 극을 쌍극자라고 한다. 극성 분자들이 접근하게 되면 한 분자에서 전기적으로 양성인 쪽은 다른 분자의 음성인 쪽을 끌어당기고, 음성인 쪽은 다른 분자의 양성인 쪽을 끌어당긴다. 이와 같은 두 극성 분자들 사이에 작용하는 이러한 힘을 쌍극자-쌍극자 인력이라고 한다.

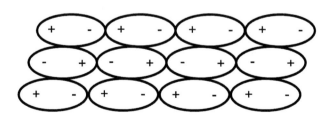

그림 3.1 극성 분자 사이의 쌍극자-쌍극자 상호작용

■ICl결정 속의 쌍극자 인력

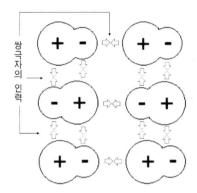

1.4 수소결합

전기음성도의 차이에 의해 양전하를 갖는 H와 음전하를 갖는 F, O, N 사이의 결합으로 매우 강력한 쌍극자-쌍극자 상호작용의 경우에 해당된다.

수소 원자가 F, O, N 등과 같이 전기음성도가 큰 원자와 공유결합을 이룬 분자는 극성이 매우 크다. 분자 속의 수소 원자는 부분적인 양전하가 크므로 이웃 분자의 음전하의 비공유전자들과 상호작용을 하게 되어 중심 쪽으로 끌리며 상당히 큰 분자 간의 힘을 나타낸다. 이 힘을 수소결합이라고 한다. 수소결합을 가지는 물질에는 물 이외에 –OH 기를 가지는 물질, -COOH 기를 가지는 물질, F, O, N과의 수소 화합물 등이 있다.

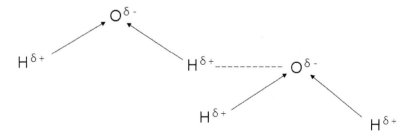

그림 3.2 두 물분자 사이의 수소 결합

1.5 유도 쌍극자 힘

한 분자가 극성 분자에 접근하면 그 분자의 전자들은 극성 분자의 양전하가 있는 쪽으로 약간 쏠리는 경향이 나타난다. 이러한 현상을 편극이라고 한다.

전자들이 한쪽으로 쏠리면, 그 쪽은 약간의 음전하를 띠게 되고 반대쪽은 양전하를 띠게 된다. 이렇게 해서 형성된 한 분자 내에 두 전하를 띤 쌍극자를 유도 쌍극자라고 하며, 이 유도 쌍극자와 이것을 유발시킨 쌍극자 사이에 인력이 작용하게 된다.

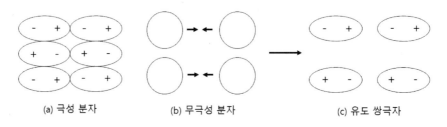

(a) 극성 분자   (b) 무극성 분자   (c) 유도 쌍극자

[극성 분자의 배열과 유도 쌍극자]

■극성 분자에 의해 유도된 쌍극자-편극 현상

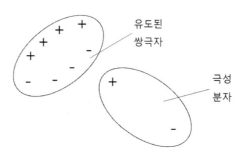

유도된
쌍극자

극성
분자

1.6 반데르발스 힘

공유결합에 의하여 분자를 형성하면 분자에는 비공유 전자가 없기 때문에 그 이상의 결합을 만들지 않는다. 그러나 분자가 모인 상태가 액체나 고체를 만드는 것은 분자와 분자 사이에 아주 약한 인력이 작용하여 분자끼리 끌어당기고 있기 때문이다. 이와 같이 분자 간에 작용하는 이 약한 힘을 분산력 또는 좁은 의미의 반데르발스 힘이라고 한다. 비활성 기체, 수소 등이 낮은 온도에서 액체와 고체로 존재할 수 있는 것은 이 분산력 때문이다. 편극이 잘 일어날 수 있는 분자 사이의 분산력은 크다. 전자 수가 많은 분자일수록 편극이 잘 일어나므로, 분자량이 큰 분자가 분산력이 크다.

$$HCl < HBr < HI, \quad H_2 < N_2 < O_2$$

무극성 물질의 녹는점, 끓는점은 분자량이 클수록 크다.

2. 1차 구조

2.1 단량체의 극성

유기 분자의 화학구조와 원자배열은 분자의 특성에 영향을 준다. 그러한 특성 중에 하나가 분자의 극성이다. 같은 원자 쌍을 가지면서 서로 다른 전하를 띠는 이원자 분자는 쌍극자 모멘트를 가지며, 이는 "극성"이라고 불린다.

염화나트륨 같은 전하의 전이가 발생하는 모든 이온성 물질은 매우 극성을 띤다.

원자 간의 전기음성도는 유기 분자에서 일반적으로 발생하며 아래 표와 같다. 아래의 표로부터 분명한 것은 C-Cl, C-F, -CO-, -CN, -OH 같은 그룹은 극성이다.

표 3.1 일부 원소의 전기 음성도

원자	H	C	N	O	F	Sl	S	Cl
전기음성도	2.1	2.5	3.0	3.5	4.0	1.8	2.5	3.0

두 개의 같은 원자로 된 이원자 분자(H_2 등)는 전자쌍의 결합이 두 원자 간에 동등하게 같으며 "비극성"이라 불린다.

공유결합에서 전자쌍이 똑같이 공유되어 전자 분포가 균일한(서로 대칭인 구조) 단량체 등은 전자의 치우침이 없어 비극성의 고분자가 된다.

O ←——— C ———→ O

비극성 : 극성 결합으로부터의 쌍극자는 대칭이기 때문에 상쇄된다.

O
105°
H   H

극성 : 극성 결합으로부터의 쌍극자는 상쇄되지 않는다.

그림 3.3 분자의 극성에 대한 대칭 효과

표 3.2 단량체와 그와 관련된 고분자의 극성

단량체	극성도	고분자	단량체
$CH_2{=}CH_2$ Ethylene	비극성	$-[CH_2-CH_2]-$ Polyethylene	비극성
$CH_2{=}CH$ $\vert$ CH_3 Propylene	비극성	$-[CH_2-CH]-$ $\vert$ CH_3 Polypropylene	비극성
$CH_2{=}CH$ $\vert$ Cl Vinyl chloride	극성	$-[CH_2-CH]-$ $\vert$ Cl Poly(vinyl chloride)	극성
$CH_2{=}CCl_2$ Vinylidene chloride	비극성	Cl $\vert$ $-[CH_2-C]-$ $\vert$ Cl Poly(vinylidene chloride)	비극성
$CH_2{=}CH$ $\vert$ CN Acroylonitrile	극성	$-[CH_2-CH]-$ $\vert$ CN Polyacrylonitrile	극성
$CF_2{=}CF_2$ Tetrafluoroethylene (symmetrical)	비극성	$-[CF_2-CF_2]-$ Polytetrafluorethylene (Teflon)	비극성

3. 2차 구조

고분자의 형태를 2가지로 분류해보면, 첫 번째 원자배열이란 고정되어 있는 원자의 배열, 입체 형태란 분자 내에 있는 각 원자의 상이한 공간 배열을 의미한다.

3.1 원자배열

3가지의 배열형태를 살펴보자.

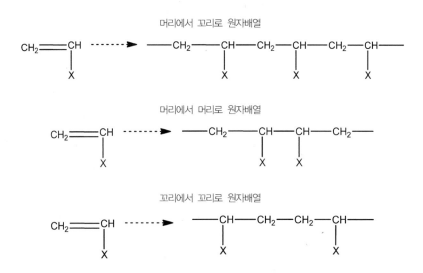

고분자의 길이를 측정할 수 있는 알려진 고분자 중에서 머리에서 머리, 꼬리에서 꼬리 원자배열은 없다.

3.1.1 다이엔 중합반응

2개의 이중결합을 가진 다이엔 단량체의 중합반응이다.

Cis-1,4-polyisoprene(natural rubber)   tras-1,4-polyisoprene(gutta-percha)

3.1.2 입체규칙성

입체적인 규칙도를 3가지 형태로 나타내었다.

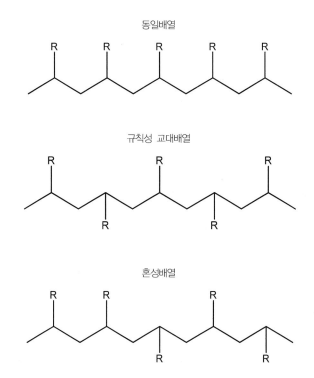

3.2 분자량

인장 및 압축 강도, 연신율, 모듈러스, 충격 강도 등의 중요한 물리적 특징과, 연화점, 용액 및 용융점도, 용해력 등의 특징 등은 분자량에 따라 달라진다.

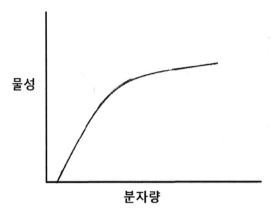

그림 3.4 분자량에 따른 물성 변화

수 평균 분자량 Mn이란 분자량을 나타내는 가장 일반적인 값이다.

중량 평균분자량 Mw이란 분자량이 균일하지 않고 어떤 고분자물질의 분자량이 기준으로 사용되는 평균분자량의 하나이다.

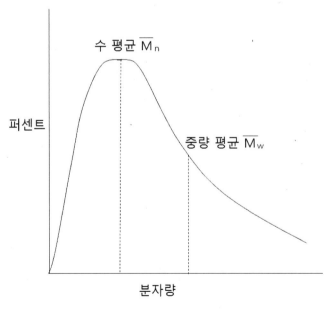

그림 3.5 분자량 분포 곡선

4. 3차 구조

분자의 구조에 의해 결정성과 비결정성의 2가지 분자의 배열로 분류된다.

4.1 2차 결합 힘(응집 에너지 밀도)

응집 에너지란 분자 간의 힘에 의해 결합되어 있는 분자를 고정되어 있는 장소로부터 멀리 떨어져 있는 곳까지 분리시키는 데 필요한 에너지이다.

4.2 결정성 및 무정형 고분자구조

결정성이란 3차원적인 구조에서 각각의 사슬이 규칙적으로 일정하게 겹쳐 있거나 포개져 있는 상태를 말하며 딱딱하고 유리와 같은 상태이다. 무정형이란 고분자의 사슬이 랜덤하게 얽혀 있는 상태이다.

4.2.1 결정화 경향

결정성 형태에서, 분자 간의 배열에서 최대의 2차 결합 힘의 효과를 얻으려면, 분자 간의 거리가 가능한 한 서로 가까이 있어야 한다.

결정화 도를 향상시키려면 규칙이 바른 화학적 구조여야 하며, 직선구조이면서 가지가 없는 구조, 분자 간의 힘이 큰 분자구조, 대칭성 입체구조의 조건이 있다.

4.2.2 사슬 유연성

분자 내 사슬이 유연한 것은 포화된 사슬 결합 주변의 회전이 일어나기 때문이다. 예를 들어 --CO-O-, -O-CO-O-, -C-N- 같은 그룹이 주요 사슬 안에 들어 있다면, 단일 결합 주변의 회전이 쉽게 일어나 구조상의 변화가 빨리 일어난다.

주사슬에 고리구조가 있거나, -SO₂-, -CONH- 같은 극성인 그룹이 있을 경우, 유연성은 격렬히 줄어들고 결정화 도는 증가하게 된다.

4.2.3 극성

분자의 주사슬에 -O- 한 단위체를 포함하고 있거나 극성인 그룹(-CN, -Cl, -F, -NO₂)을 포함하고 있을 때 극성인 결합을 나타낸다.

표 3.3 결정 용융온도(융점)가 사슬 유연성에 미치는 영향

고분자	반복 단위	$T_m(℃)$
Polyethylene	—CH₂—CH₂—	135
Polyoxyethylene	—CH₂—CH₂—O—	65
Poly(ethylene suberate)	—O(CH₂)₂—OCO——(CH₂)₆CO——	45
Nylon 6,8	——NH(CH₂)₆NHCO(CH₂)₆CO——	235
Poly(p-xylene)	—CH₂—〈 〉—CH₂—	400

4.3 결정성 고분자의 형태학

4.3.1 고분자의 결정성 구조

대부분의 고분자는 부분적으로 결정성을 이룬다. 고분자를 X-ray로 찍었을 때를 보면, 아래와 같이 결정성 영역과 비결정성 영역이 같이 존재함을 볼 수 있다.

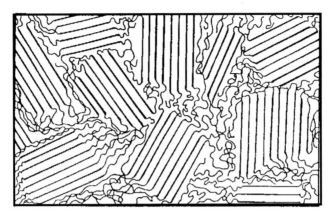

그림 3.6 주름진 미셀 모델

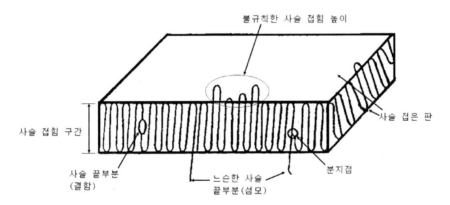

그림 3.7 구조 결함을 보여주는 사슬 접힘의 개략도

고분자 물성

제4장

1. 개요

물, 에탄올, 톨루엔과 같은 간단한 분자에서 상변화(고체-액체-기체)는 일정한 온도에서 비슷한 패턴으로 발생하지만 고분자에서의 상변이는 이와 약간 다르며 더 복잡한 면을 보인다.

첫 번째로 고분자는 기체상이 존재하지 않으며 높은 온도에서는 분해된다(일반적으로 말하는 끓는점이 분해 온도보다 높기 때문). 두 번째로 간단한 분자에서와 달리 사슬길이(분자량)가 다른 큰 분자들이 혼재되어 있으므로 고체-액체 간의 상 전이는 일정한 온도구간(2~10℃, 고분자의 다분 산성에 따라 다름)에서 발생한다.

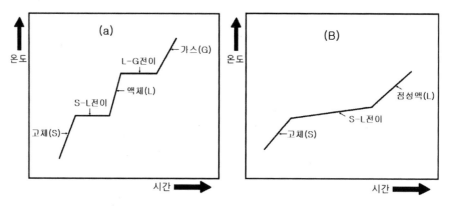

그림 4.1 단분자(a)와 고분자(b)의 상대적인 열반응

    만약 고분자가 무정형이라면 고체-액체 전이는 고무상태라는 중간 단계를 거치며 매우 좁은 온도 구간(Tg)에서 일어난다. 부분 결정형인 고분자의 경우에는 상 전이는 무정형 영역에서만 일어나고 결정영역은 변함이 없으며 더 높은 온도에서 녹는다. 즉, 융점(Tm)은 마지막 결정형이 녹기 시작하는 온도를 말하며 결정성의 정도나 결정의 크기 분포에 좌우된다.

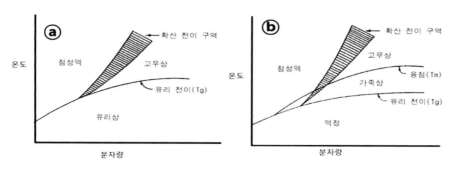

그림 4.2 온도-분자량 도표. (a) 무정형 고분자; (b) 결정형 고분자

    고분자의 열적 거동에 대한 정확한 지식은 적당한 가공조건과 가공된 재료의 물리적, 기계적 성질을 예측하여 최종 사용처의 선택과 가용한계설정에 유용하다.

2. 유리전이

비체적-온도에서의 거동에 대한 고찰

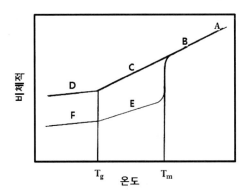

그림 4.3 반결정 고분자의 비체적-온도 곡선

(A) 액상; (B) 약간의 탄성을 갖는 점성액; (C) 고무상; (D) 유리상; (E) 고무상 메트릭스 안의 결정; (F) 유리상 메트릭스 안의 결정

D지역(유리상태): 딱딱하고, 잘 부러질 것 같은 유리상태의 고상이다.

C지역(고무상태): 부드럽고, 고무상태의 물질이다.

B지역(점성 있는 상태): 분해가 시작되기까지 온도가 올라감에 따라 점도가 감소한다.

E지역: 딱딱하지만 유연하고 강한 물질이다.

2.1 분자 움직임과 유리전이

분자 내 결합을 1차 결합력이라 하며, 분자 간 결합을 2차 결합력이라 한다. 시스템에 가해진 열에너지는 분자의 회전, 진동, 병진 운동을 유도한다. 만약, 진동에너지가 1차 결합에너지보다 크다면 분자의 열분해는 발생한다. 무정형 고분자의 열 거동에 대한 분자수준의 고찰을 해보자.

유리전이온도가 가해진 온도보다 높을 때, 사슬 분절의 위치는 고정, 원자 또는 작은 원자단이 작은 진폭으로 진동운동을 한다. 그리고 낮은 온도에서 분자 사슬의 안정한 형태는 완전히 펴진 형태(에너지적으로 가장 안정)인데 이 경우 가능한 자유부피가 더욱 줄어든다. 따라서 분자사슬의 흐름이 어려워지고 경직된 상태로 존재하게 된다.

유리전이온도가 가해진 온도와 같을 때, 사슬말단과 많은 분절들이 분자간 결합을 극복할 충분한 에너지를 얻고 회전과 병진운동을 하게 된다(분절운동 20~50개의 연속적 탄소원자의 동시 운동).

2.2 유리전이의 이론과 유리전이온도 측정

2.2.1 동력학적 이론

유리전이온도는 가열이나 냉각 속도에 의존하므로 유리전이를 동적 현상으로 본다. 즉, 유리전이온도 값은 온도 변화에 의한 고분자 시스템의 거동으로부터 발생하는 분자의 운동과 관련되어 있는 것으로 본다. 유리화 과정을 에너지 상태가 바뀌는 반응으로 생각하며 한 에너지 상태에서 다른 에너지 상태로의 이동이 생기기 위해서는 임계 구멍이나 빈 공간이 있어야 가능한 것으로 본다. 그리고 충분한 크기와 수의 구멍이 생겨 흐름이 생길 수 있는 온도를 유리전이온도라 정의한다.

2.2.2 평형상태 이론

열역학적 방식과 통계적 열역학적 방식을 이용하여 유리전이온도를 온도의 변화에 따른 구조적 엔트로피의 변화에 의한 결과라고 보는 이론이다.

2.2.3 자유부피 이론

자유 부피($V_f = V_o - V$)

V: 부피

V_o(실제 분자가 차지하고 있는 부피)=V'+α T

여기서,

α : 유리상태의 열팽창계수,

V': 절대온도 0K에서 유리 상태의 부피

자유 부피 분율, f=V_f/V

대부분의 비결정형 고분자의 경우, 유리전이온도는 0.025로 일정한 값을 가지는 것으로 알려져 있어 냉각 시 V_f가 이 값에 도달하면 유리화되는 것으로 간주한다.

2.3 유리전이온도에 영향을 미치는 요인들

앞에서 유리전이온도에서는 사슬 분절들의 상호 연관된 움직임이 폭넓게 이뤄진다는 사실을 설명하였다. 따라서 이러한 사슬 분절들의 움직임에 영향을 줄 수 있는 구조적 특성이나 외부의 환경적 요인에 의해 유리전이온도 값은 영향을 받아 변하는 것이 예측 가능하다.

구조적 특성으로 사슬 유연성, 강도(입체장애, 극성, 사슬 간 인력), 기하학적 힘, 공중합, 분자량, 분지화, 가교, 결정화도 등이 있다. 외부의 환경적 요인으로는 가소화, 압력, 테스팅 속도 등이 있다.

2.3.1 사슬 유연성

사슬 유연성은 1차 원자가 결합을 중심으로 얼마만큼 회전이 용이하게 일어나는 정도에 의해 결정된다. 에테르나 에스터 결합이 있는 지방족 긴 사슬의 경우 사슬 유연성이 증가하지만 고리형 구조와 같이 견고한 그룹이 있는 경우엔 주사슬의 움직임이 둔해져서 유리전이온도가 상승한다.

표 4.1 사슬 유연성이 T_g에 미치는 영향

고분자	반복 단위	$T_g(\text{℃})$
Polyethylene	$-CH_2-CH_2-$	−120
Polydimethylsiloxane		−123
Polycarbonate		150
Polysulfone		190
Poly(2,6-dimethyl-1,4-phenylene oxide)		220

곁사슬이 단단하고 골격에 근접해 있는 큰 치환체인 경우 입체적 장애로 사슬의 움직임을 감소시키고 결과적으로 유리전이온도를 상승시킨다.

표 4.2 입체장애에 의한 T_g 향상

고분자	반복 단위	$T_g(℃)$
Polyethylene	$-CH_2-CH_2-$	-120
PolyPropylene	$-CH_2-CH-$ 에 CH_3	-10
Polystyrene	$-CH_2-CH-$ 에 페닐기	100
Poly(a-methylstyrene)	$-CH_2-C-$ 에 CH_3 및 페닐기	192
Poly(o-methylstyrene)	$-CH_2-CH-$ 에 o-메틸페닐기 (CH_3)	119
Poly(m-methylstyrene)	$-CH_2-CH-$ 에 m-메틸페닐기 (CH_3)	72
Poly(a-vinyl naphthalene)	$-CH_2-CH-$ 에 나프틸기	135
Poly(vinyl carbazole)	$-CH_2-CH-$ 에 카바졸기 (N)	208

곁사슬이 유연성이 있는 치환체인 경우 그 크기가 증가함에 따라 유리전
이온도가 상승하는 것이 아니라 오히려 감소하게 된다. 이것은 유연한 치환

체의 길이가 늘어나면 각각의 고분자가 차지하려는 자유부피가 늘어나고 이 결과로 유리전이온도가 작아지는 것으로 볼 수 있다.

표 4.3 폴리메타크릴레이트 곁사슬의 유연성 증가에 따른 T_g 감소

일반적인 화학식	R	T_g(℃)
	methyl	105
	ethyl	65
	n-propyl	35
	n-butyl	21
	n-hexyl	-5
	n-octyl	-20
	n-dodecyl	-65

2.3.2 기하학적 요소

골격이 대칭적인 구조를 가지는 경우 비대칭적인 구조에 비해 자유 부피의 증가로 더 낮은 유리전이온도를 갖는다.

표 4.4 T_g의 대칭 효과

고분자	반복 단위	T_g(℃)
Polypropylene		-10
Polyisobutylene		-70
Poly(vinyl chloride)		87
Poly(vinylidene chloride)		-17

시스 형태의 이중 결합이 이웃한 결합의 회전과 관련한 에너지 장벽을
낮추는 역할을 하므로 사슬구조를 부드럽게 만들고, 따라서 유리전이온도는
작아진다.

표 4.5 시스-트랜스 구조에 따른 T_g의 상대적 효과

고분자	반복 단위	$T_g(℃)$
Poly(1,4-cis-butadiene)	(구조식)	-108
Poly(1,4-trans-butadiene)	(구조식)	-83

2.3.3 사슬 간 인력

곁사슬 그룹의 극성이 증가하면 분자 간의 2차 결합이 강하게 작용하므
로 유리전이온도는 상승한다.

표 4.6 극성이 T_g에 미치는 영향

고분자	반복 단위	1kHz에서의 유전 상수	$T_g(℃)$
Polypropylene	(구조식)	2.2-2.3	-10
Poly(vinyl chloride)	(구조식)	3.39	87
Polyacrylonitrile	(구조식)	5.5	103

곁사슬 그룹의 응집 에너지 밀도가 증가하면 역시 유리전이온도도 높은
값을 보인다.

표 4.7 일부 아크릴계 고분자에서 극성이 T_g에 미치는 영향

고분자	반복 단위	$T_g(℃)$
Polymethylacrylate	(구조: —CH₂—CH—, C=O, O, CH₃)	3
Poly(acrylic acid)	(구조: —CH₂—CH—, C=O, O, H)	106
Poly(zinc acrylate)	(구조: —CH₂—CH—, C, O, Zn^{++}, O, C, —CH₂—CH—)	>400

곁사슬의 길이가 길어지면 분자 사슬 간의 거리가 멀어져 2차 결합이 일어날 확률이 떨어지고 응집 에너지 밀도도 감소하므로 유리전이온도가 감소하는 결과를 보인다(표 4.3을 보자).

2.3.4 공중합

2.3.4.1 등정형 시스템(동질의 공중합체 또는 상용 가능한 고분자블렌드)

등정형 시스템에서는 성분 단량체가 서로 비슷한 부피를 차지하고 성질이 유사하여 결정계에서 서로 치환이 가능하다. 결과적으로 이러한 공중합체는 반드시 균일계를 이루며 각 단일중합체의 고분자블렌드와 공중합체는 유사한 전이적 특성을 보이게 된다. 공중합체는 조성에 따라 유리전이온도

는 위치 변화만 초래할 뿐 온도 변화 영역이나 변화 정도에는 영향을 미치지 않는다.

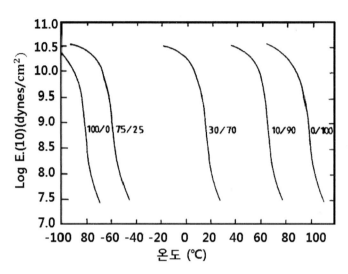

그림 4.4 E, vs. 부타디엔-스티렌 공중합체의 분율

만약 각 단일중합체의 유리전이온도를 알고 있다면 공중합체나 고분자블렌드의 유리전이온도를 다음과 같은 식을 이용하여 예상할 수 있다.

$$Tg=V_1Tg_1+V_2Tg_2 \text{ - - - - - - - - - - - - - - -(1)}$$

V_1, V_2는 각 성분의 부피 분율

2.3.4.2 비등정형 시스템

단량체의 비부피가 상이하다. 랜덤한 공중합체 경우로 단량체의 무질서한 배열이 많아 계의 자유 부피를 증가시켜 방정식(1)에 의해 예상되는 값보다 낮은 유리전이온도를 보인다.

예상되는 유리전이온도는 무게 분율이 각각 W_1, W_2인 단량체에 대해 다음과 같이 계산된다.

$$1/T_g = W_1/T_{g1} + W_2/T_{g2} \text{ - - - - - - - - - - - - (2)}$$

예로는 메틸메타아크릴레이트-아크릴로나이트릴, 스티렌-메틸메타아크릴레이트 등이 있다. 또 다른 랜덤한 공중합체 경우로 공중합 시 사용된 단량체가 분자 사슬의 상호작용을 증대시키는 요소로 작용할 때 유리전이온도가 오히려 증가하는 경우가 있다.

예를 들어, 메틸메타아크릴레이드-메틸아크릴레이트, 비닐리덴-메틸아크릴레이트 등이 있다.

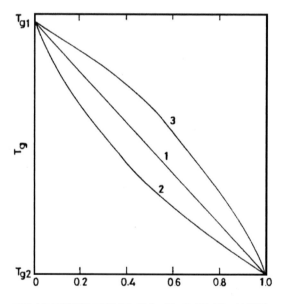

그림 4.5 공중합체 조성(개략도)에 따른 유리전이온도의 변화

블록, 그래프트 공중합체는 단량체 성분들이 서로 상용성이 없기 때문에 상 분리가 일어나 한 성분이 다른 성분에 분산되어 있으므로 각 단일 중합체에 해당하는 두 개의 다른 유리전이온도가 관찰된다.

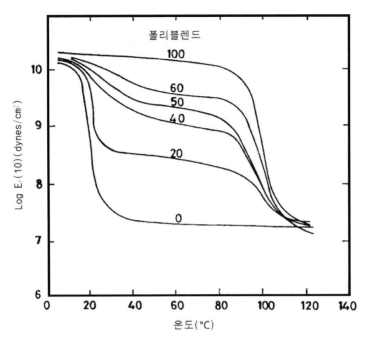

그림 4.6 E$_r$(10) vs. 폴리스티렌과 30/70 부타디엔-스티렌 공중합체를 섞은 혼합물
의 온도, 곡선상의 숫자는 혼합물 중 폴리스티렌의 중량 퍼센트

2.3.5 분자량

말단의 사슬은 내부의 사슬에 비해 상대적으로 큰 이동성을 가지므로 분
자 운동에 있어 더 많은 자유 부피를 차지한다. 말단의 사슬의 수가 증가
(분자량의 감소)하면 자유 부피가 증가하고 유리전이온도가 감소된다.

2.3.6 가교와 분지화

가교는 화학적 결합에 의한 분자 간의 연결을 의미하므로 사슬의 이동성
에 감소가 생기는 것은 당연한 사실이므로 가교에 의해 유리전이온도는 자
연히 증가할 것이다. 가교의 정도가 작은 시스템에선 유리전이온도와 가교
정도의 관계는 선형적인 관계에 있고 페놀계나 에폭시 수지와 같이 가교
정도가 큰 시스템에서의 유리전이온도는 실제적으로 무한대라 할 수 있다.

반응과정에서 생기는 곁가지는 길고 유연성 있는 곁사슬과 마찬가지로 고분자 사슬의 상호 분리를 증가시키므로 자유 부피를 크게 하고 결과적으로 유리전이온도를 감소시킨다.

2.3.7 결정화도

반결정 고분자에서, 결정은 일종의 물리적 가교로 생각하고 구조체를 더욱 강하게 만든다고 간주된다. 이런 관점에서 볼 때, 결정화도가 증가함에 따라 유리전이온도는 증가할 것이다. 유리전이온도과 융점 사이에는 다음과 같은 실험적 관계식이 성립된다.

$$Tg/Tm=1/2(대칭적 고분자) \ 또는 \ 2/3(비대칭적 고분자)$$

2.3.8 가소화

가소화란 재료에 소성을 유도하는 과정을 말하며 가소제를 소량 첨가하여 효과를 높인다. 가소제는 고분자와 섞이고 끓는점이 높은 저분자량의 유기 액상 화합물을 말하며 적은 양으로 고분자의 유리전이온도를 현저히 감소시킨다.

예를 들어 폴리바이닐 클로라이드는 일반적으로 경질의 단단한 재료이나 소량의 가소제(디옥틸프탈레이트, DOP)를 첨가하면 유연한 재료로 변한다.

가소제의 작용에 대한 해석으로 첫 번째, 분자 간의 거리를 증가시키는 용매화 작용을 함으로써 분자 간의 결합력을 감소시키게 된다. 두 번째, 가소제의 첨가로 사슬 말단의 수가 증가하여 계의 자유 부피를 증가시킨다. 세 번째, 가소제를 두 번째 성분으로 간주할 때 소성된 계는 고분자 블렌드로 간주된다. 이 경우 가소제의 유리전이온도는 보통 매우 낮은 값(-50~-160℃)을 보이므로 소량만 첨가하더라도 상당한 감소를 보인다.

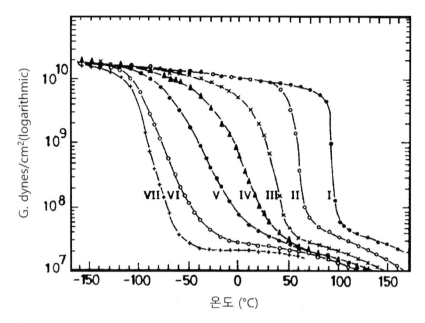

그림 4.7 전단 모듈, G vs. 온도, 약 1초 동안 측정, 폴리(비닐 클로라이드)가 디에틸헥실숙시네
이트로 가소화됨. Ⅰ, 100% 단량체; Ⅱ, 91%; Ⅲ, 79%; Ⅳ, 70.5%; Ⅴ, 60.7%; Ⅵ,
51.8%; Ⅶ, 40.8%

3. 결정성 융점

열역학적 관점에서 볼 때 작은 분자량계에서 녹는다는 것은 열용량, 비부
피, 굴절률, 투명도와 같은 주요 열역학 변수들의 불연속적 변화로 특징짓
는 상전이를 의미하며 이때 자유에너지 변화는 제로이다.

$$\triangle Gm = \triangle Hm - Tm \triangle Sm = 0 \text{ 또는 } Tm = \triangle Hm / \triangle Sm \cdots \cdots (3)$$

여기서, $\triangle Hm$는 엔탈피 변화량으로 결정상태와 액체상태에서의 분자 간
의 응집에너지 차이를 나타내며, $\triangle Sm$는 엔트로피 변화로 두 상태에서 무
질서도의 변화량을 나타낸다.

위의 개념을 고분자 결정계에 대해 확장 적용을 하게 되는데 다음의 3가

지를 기억하자. 첫 번째, 고분자의 거대분자적 성질과 분자량 분포도의 존재로 유리전이온도의 범위가 넓어진다. 두 번째, 결정화 과정에서 사슬 접힘이 발생하고, 결정에는 고유의 결함이 항상 존재하므로 실제 융해점은 이상적인 열역학적 융해점보다 낮다. 세 번째, 고분자의 거대분자적 성질과 융해 시 구조적 변화가 수반되므로 고분자 결정의 융해는 저분자보다 속도에 더욱 민감하다. 네 번째, 고분자는 100% 결정을 이루지 못한다.

3장에서 거론된 결정화 경향에 영향을 미치는 요인들을 간단히 살펴보면 다음과 같다. 첫 번째, 구조적 규칙성에서 결정화 과정에서 분자 간 2차 결합력이 강하게 작용하려면 고분자 사슬들의 근접 배열이 선행되어야 한다.

두번째, 사슬 유연성에서 결정화 과정에서 열적 자극은 사슬의 회전 및 진동 운동을 유도하는데 경직된 골격을 가진 고분자보다 유연한 사슬을 가진 고분자가 이러한 자극에 보다 민감하므로 결과적으로 결정화도는 감소한다.

세 번째, 분자 간 결합에서 분자 간 결합력을 증가시키는 특정한 작용기가 사슬 내에 존재하고 배열 또한 규칙적일 때 2차 결합력의 향상으로 결정성은 향상된다.

3.1 결정성 융점에 영향을 미치는 요인

고분자의 경우, 방정식 (3)에서 ΔHm는 분자량에 의존하지 않지만 극성 작용기가 존재할 경우 증가한다. 한편 ΔSm는 분자량뿐만 아니라 사슬의 경직도 같은 구조적 요인에 의해 영향을 받는데 유연한 사슬의 경우 융해 과정에서 보다 많은 구조를 가질 확률이 높으므로 ΔSm의 증가를 가져온다.

3.1.1 분자 간 결합

폴리에틸렌을 기준 물질로 하여 다양한 동족계열에 대한 융점 변화의 관찰 결과(그림 4.8)로부터 다음과 같은 결과를 알 수 있다.

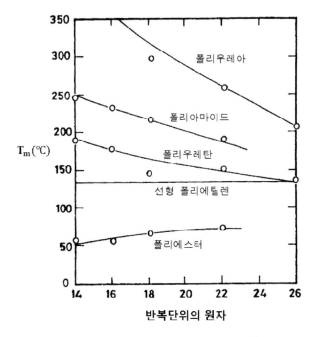

그림 4.8 동족 계열인 지방족 고분자의 결정 융점 경향성 추이

    첫 번째, 극성 작용기 사이의 간격이 증가하면서 융점은 폴리에틸렌의 값에 근접한다(분자 간 결합에 필요한 작용기의 밀도 감소로 응집에너지 밀도 또한 작아지기 때문).

    두 번째, 반복 단위에 같은 원자가 있을 경우, 폴리우레아, 폴리아마이드, 폴리우레탄은 폴리에틸렌보다 큰 값을 가지는 반면, 폴리에스터는 작은 값을 갖는다(폴리에스터의 경우 사슬 내의 산소 원자에 의한 유연성의 증가로 에스터 결합으로 생기는 극성 결합이 상대적으로 감소하기 때문). 이 사실은 표 4.9의 결과로 볼 때 아마이드에 비해 상당히 작음을 알 수 있다.

표 4.8 Tm에서의 분자 간 결합 효과

고분자	특정 그룹	융점(T_m)(℃)
Polycaprolactone	$\left[\!-O-(CH_2)_5-\overset{\displaystyle O}{\overset{\displaystyle \|}{C}}-\!\right]_n$	61
Polycaprolactam(nylon 6)	$\left[\!-\overset{\displaystyle O}{\overset{\displaystyle \|}{C}}-(CH_2)_5-\overset{\displaystyle H}{\overset{\displaystyle \|}{N}}-\!\right]_n$	226
Poly(hexamethylene adipamide) (nylon 6,6)	$\left[\!-\overset{\displaystyle O}{\overset{\displaystyle \|}{C}}-(CH_2)_4-\overset{\displaystyle O}{\overset{\displaystyle \|}{C}}-\overset{\displaystyle H}{\overset{\displaystyle \|}{N}}-(CH_2)_6-\overset{\displaystyle H}{\overset{\displaystyle \|}{N}}-\!\right]_n$	265
Nylon 12	$\left[\!-\overset{\displaystyle O}{\overset{\displaystyle \|}{C}}-(CH_2)_{11}-\overset{\displaystyle H}{\overset{\displaystyle \|}{N}}-\!\right]_n$	179

Van Krevelen과 Hoftyzer는 각 특정 그룹에 대한 Ym값(몰당 용융 전이함수)을 계산하였는데 실제 측정치와 같은 경향을 보인다.

표 4.9 융점에 대한 그룹 기여도

고분자	특정 그룹	Contribution to Ym
Polyester	$-\overset{\displaystyle O}{\overset{\displaystyle \|}{C}}-O-$	1160
Polyamide	$-\overset{\displaystyle O}{\overset{\displaystyle \|}{C}}-\overset{\displaystyle H}{\overset{\displaystyle \|}{N}}-$	2560
Polyurethane	$-O-\overset{\displaystyle O}{\overset{\displaystyle \|}{C}}-\overset{\displaystyle H}{\overset{\displaystyle \|}{N}}-$	2430
Polyurea	$-\overset{\displaystyle H}{\overset{\displaystyle \|}{N}}-\overset{\displaystyle O}{\overset{\displaystyle \|}{C}}-\overset{\displaystyle H}{\overset{\displaystyle \|}{N}}-$	3250

3.1.2 구조 영향

융점과 고분자 구조의 관계는 앞서 본 유리전이온도와의 관계와 유사하나 차이점은 구조적 규칙성이 융점 값에만 영향을 미친다는 점이다. 반결정성 고분자에 대해서 Tg/Tm 비율이 0.5~0.75 사이이며 대칭적 고분자는 0.5, 비대칭적 고분자는 0.75에 가깝게 나타난다.

3.1.3 사슬 유연성

경직된 골격의 고분자는 융해 시 구조적 엔트로피 변화가 낮으므로 융점이 올라간다. 앞서 보았듯이 사슬의 유연성은 -O-, -COO- 연결단위가 존재하거나 $-CH_2-$ 단위가 주사슬에 늘어날수록 증가하고 반면 극성 그룹이나 고리형 그룹이 있으면 골격의 회전 운동이 감소하고 결과적으로 가능한 구조적 변화는 줄어든다.

표 4.10 사슬 유연성이 Tm에 미치는 영향

고분자	반복 단위	T_m(℃)
Polyethylene	$-CH_2-CH_2-$	135
Polypropylene	$-CH_2-CH(CH_3)-$	165
Polyethylene oxide	$-CH_2-CH_2-O-$	66
Poly(propylene oxide)	$-CH_2-CH(CH_3)-O-$	75
Poly(ethylene adipate)	$-O-CH_2-CH_2-O-CO-(CH_2)_4-CO-$	50
Poly(ethylene terephthalate)	$-O-CH_2CH_2-O-CO-C_6H_4-CO-$	265

Poly(dihenyl-4,4-diethylene carboxylate)		355
Polycarbonate		270
Poly(p-xylene)		380
Polystyrene(isotactic)		240
Poly(o-methylstyrene)		>360
Poly(m-methylstyrene)		215

3.1.4 공중합

　공중합체의 경우, 융점은 각 단량체들의 상용성에 의존하는데 등정형 계인 경우 결정 격자의 각 자리를 서로 다른 단량체들이 치환 가능하고 매우 균일한 계를 이루므로 융해점은 매우 천천히 변화한다.

　한편, 각 단량체들이 상용성이 없이 제각각의 단일중합체를 만드는 경우에는 공중합체의 융점은 다음과 같이 계산된다.

$$1/Tm = 1/Tm° - R*lnX/^\triangle Hm \text{ - - - - - - - - - - - } (4)$$

(여기서, $^\triangle Hm$과 X는 융해점이 Tm°인 단일중합체의 융해열과 몰분율)

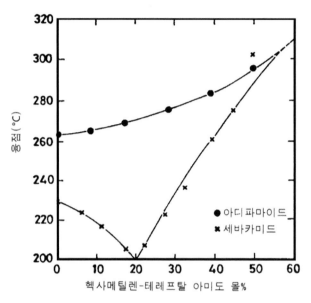

그림 4.9 헥사메틸렌 세바카미드와 테레프탈아미드, 헥사에틸렌 세바카
미드와 테레프탈아미드의 공중합체 융점

충분히 긴 단일 중합체 사슬 연결을 가진 블록, 그래프트 공중합체는 결
정화되어 각 단일중합체의 고유 성질을 보이므로 결과적으로 두 개의 융점
이 나타난다.

단계 중합반응

제5장

1. 개요

1.1 단계 중합

단계 중합은 다음과 같은 특징이 있다. 첫 번째, 반응할 수 있는 작용기 끼리의 반응에 의해서 사슬이 성장한다. 두 번째, 단량체는 반응 초기에 거의 다 소모되며 중합도 10일 때 단량체의 잔존량은 1% 이하이다. 세 번째, 중합체의 분자량은 반응률에 따라 증가한다. 네 번째, 반응 말기에는 고분자만 존재한다. 다섯 번째, 고중합도의 고분자를 얻는 데는 장시간이 걸린다. 여섯 번째, 반응시간에 따라 분자량(중합도)이 증가한다.

1.2 고분자량을 얻기 위한 조건

고분자량을 얻기 위해서는 첫 번째, 단량체의 순도가 높아야 한다. 두 번째, 두 가지 단량체를 정확히 1:1로 반응해야 한다. 세 번째, 단량체는 서로 반응할 수 있는 작용기 두 개 모두를 가진 것을 선택해야 한다. 네 번째, 전환율이 높아야 한다. 다섯 번째, 부반응이 일어나지 않아야 한다.

2. 축합 중합의 속도론

에스터화 반응의 속도론을 보면, 일반적인 속도식은 다음과 같다.

$$-\frac{d[COOH]}{dt} = k[COOH][OH][cat]$$

2.1 강산 없는 조건하 중합

폴리에스터화 반응이나 다른 간단한 에스터화 반응은 산 촉매 존재하에 일어난다.

$$\text{HO}-\overset{\overset{\text{O}}{\|}}{\text{C}}-(\text{CH}_2)_4-\overset{\overset{\text{O}}{\|}}{\text{C}}-\text{OH} + \text{HO}-\text{CH}_2\text{CH}_2-\text{O}-\text{CH}_2\text{CH}_2-\text{OH} \longrightarrow$$

아디픽산   다이 에틸렌 글라이콜

$$\left[\overset{\overset{\text{O}}{\|}}{\text{C}}-(\text{CH}_2)_4-\overset{\overset{\text{O}}{\|}}{\text{C}}-\text{O}-\text{CH}_2\text{CH}_2-\text{O}-\text{CH}_2\text{CH}_2-\text{O} \right]_n + 2n\text{H}_2\text{O}$$

두 단량체가 같은 당량이라면 밑의 식으로 나타낸다.

$$\frac{-d[COOH]}{dt} = k[OH][COOH]^2$$

시간 t에서 미반응한 카르복실, 히드록실 그룹의 농도 C가 같다면

$$\frac{-dc}{dt} = kc^3$$

위의 식과 같이 나타낼 수 있으며, 이 식을 적분하면 밑의 식이다.

$$2kt = \frac{1}{c^2} - 상수$$

전환율 p는 밑의 식이며

$$p = \frac{C_o - C}{C_o}$$

이것을 위 식에 대입하면, 밑의 식을 얻는다.

$$2C_o^2 kt = \frac{1}{(1-P)^2} - 1$$

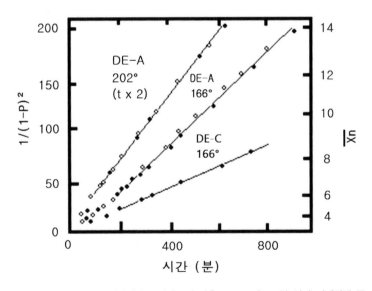

그림 5.1 아디픽 산과 디에틸렌 글라이콜의 반응(DE-A), 카프로익 산과 디에틸렌 글라이콜과의 반응. 202℃에서의 시간단위는 2배로 증가한다. 위에서 $1/(1-p)^2$는 시간 t에 대해 직선으로 나타나야 한다. $1/(1-p)$를 중합도(DP, degree of polymerization)라 한다.

2.2 강산 존재 시 중합반응

p-tsa 같은 산이 촉매로 포함되어 있는 경우,

$$-\frac{d[COOH]}{dt} = [COOH]^2(k_3[COOH] + k_{cat}[H^+])$$

$$k_3[COOH] \ll k_{cat}[H^+] = k_2$$

$$-\frac{d[COOH]}{dt} = k_2[COOH]^2$$

$$-\int \frac{d[COOH]}{[COOH]} = k_2 dt$$

$$\frac{1}{[COOH]} = \frac{1}{[COOH]_0} + k_2 t$$

$$\frac{1}{i-p} = 1 + k_2[COOH]_0 t$$

이것은 다음과 같이 나타낼 수 있다.

$$C_o k^{'} t = \frac{1}{1-P} - 1$$

아래 그림에서 시간과 1/(1-p)와의 관계를 보여주고 있다.

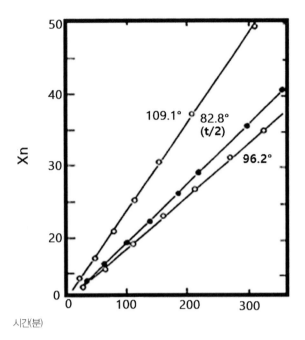

그림 5.2 p-톨루엔 설폰산의 0.10eq%의 촉매조건하에서 주어진 온도에서 아디픽산과 데카메틸렌 글라이콜의 반응

3. 선형 시스템에서의 화학양론

선형 축합 중합반응에서 평균 중합도를 보면, 밑의 식이다.

$$\overline{X_n} = \frac{분자의\ 기존\ 개수}{분자의\ 마지막\ 개수}$$

$$= \frac{C_o}{C_o(1-P)} = \frac{1}{1-P}$$

$$\overline{M_n} = \overline{X_n}M_o = \frac{M_o}{1-p}$$

M_0=구조 단위체의 평균분자량

A.

테레프탈릭 에시드   에틸렌 글라이콜

폴리(에틸렌 테레프탈레이트)

B.

다이메틸테레프탈레이트   에틸렌 글라이콜

폴리(에틸렌 테레프탈레이트)

C.

아디픽 에시드핵사메틸렌다이아민

나일론 6/6

102

D.

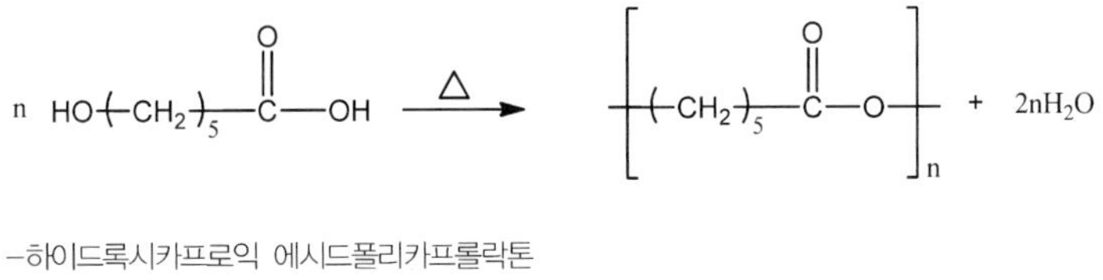

$$n \; HO\!-\!(CH_2)_5\!-\!\overset{\displaystyle O}{\overset{\displaystyle \|}{C}}\!-\!OH \;\; \xrightarrow{\;\Delta\;} \;\; \left[\!-\!(CH_2)_5\!-\!\overset{\displaystyle O}{\overset{\displaystyle \|}{C}}\!-\!O\!-\!\right]_n \; + \; 2nH_2O$$

ω −하이드록시카프로익 에시드폴리카프롤락톤

그림 5.3 고전적인 축합 중합반응으로는 (A) 에스터화 반응, (B) 에스터 내부교환, (C) 아미드화 반응, (D) 분자 내 반응이 있다. 두 가지 단계에 A, B를 통해 PET가 제조된다.

표 5.1 높은 전환율로 얻어진 고분자량

P	0	0.5	0.8	0.9	0.95	0.99	0.999	0.9999	1.0
$\overline{M_n}$	1	2	5	10	20	100	1,000	10,000	∞

4. 분자량 평균(MOLECULAR WEIGHT AVERAGE)

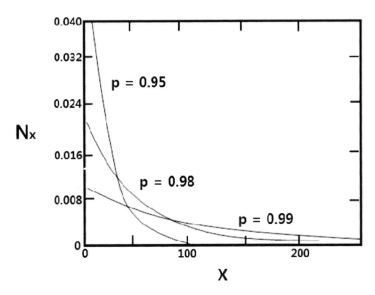

그림 5.4 반응 정도에 따른 선형 축합반응 고분자에서의 사슬분자의 몰률 분포

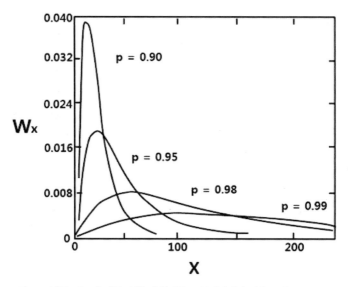

그림 5.5 반응 정도에 따른 선형 축합반응 고분자에서의 사슬 분율 분포

5. 고리형성, 사슬 중합

2개의 작용기를 가진 단량체는 그 형태가 A-A/B-B, A-B 형태이든 간에 고리생성물이 되는 반응이 일어날 수도 있다. 예로, 아래의 그림을 보면 히드록시산은 열이 가해지면 락탐이나 폴리아마이드로 생성될 수 있다.

생성물의 유형을 정하는 중요한 요인은 고리화 반응에 의해 얻을 수 있는 고리의 크기이다. 만일 고리 크기가 5개의 원자 이하이거나 7개의 원자 이상일 경우, 고분자의 형성은 거의 대부분 일어나며, 5개의 원자이면, 전적으로 일어나고, 6개의 원자이거나 7개일 경우, 고리 또는 성형 고분자 또는 두 가지 모두 나타나게 된다. 5개 이하일 경우 고리의 형성이 잘 일어나지 않는 이유는, 고리 원자가 각에 의해 잡아당기는 힘이 부가되기 때문이다.

6. 3차원 네트워크 단계반응 고분자

이전에 언급된 단계 성장 중합반응에서 만일 반응물 중의 하나가 2개 이상의 관능기를 가질 경우 분지화되거나 또는 3차원적 또는 가교고분자의 형성이 가능하다. 중합반응 과정에서는 많은 분기점이 일어나게 된다. 큰 분자 간의 반응에서는 고분자 사슬당 많은 수의 반응성 그룹을 증가시킨다.

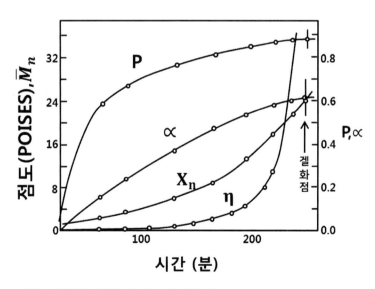

그림 5.6 전형적인 3차원 폴리에스터화 반응과정

고분자의 크기가 급속히 증가하면서 무한대 분자의 3차원적 네트워크 고분자 형성에 도달하게 된다. 이 과정에서 반응의 점도는 초기에는 점차 증가하게 되다가 3차원적 네트워크가 형성되면서 막대하게 증가한다. 반응에서 유동성이 없어지게 되고 거품이 중지된다. 이 상황에 이른 것을 겔화라고 하며, 이것을 겔 포인트라고 이른다.

겔화의 갑작스러운 개시는 모든 반응물이 3차원적 네트워크의 형성을 나타내는 것은 아니다.

7. 겔 포인트 예측

3차원 네트워크가 형성될 때, 반응 중 겔화가 일어나는 시점을 예상할 수 있다. 이것은 아래의 식처럼 표현할 수 있다.

$$\alpha = \frac{P_A P_B \rho}{-P_A P_B (1 - \rho)}$$

α : 분지 계수(branching coefficient)
ρ : 분율 파라미터(fractional parameter)

$$\gamma = \frac{N_A}{N_B} = \frac{\text{A 그룹의 초기 존재량}}{\text{B 그룹의 초기 존재량}}$$

만일, 위의 식이라 정의한다면, $P_A = r P_A$이다.
이것을 P_A 혹은 P_B로 나타낸다면, 밑의 식으로 나타낼 수 있다.

$$\alpha = \frac{\gamma P_A{}^2 \rho}{1 - \gamma P_A{}^2 (1 - \rho)}$$

$$\alpha = \frac{\gamma P_B{}^2 \rho}{1 - \gamma P_B{}^2 (1 - \rho)}$$

특별한 경우들에 대해서 살펴보면,

A 그룹과 B 그룹이 같은 당량일 때, r=1, $P_A = P_B = P$이며,

$$\alpha = \frac{P^2 \rho}{1 - P^2 (1 - \rho)}$$

이관능성 A-R-A 단위체가 없을 때는 $\rho = 1$이며,

$$\alpha = \gamma P_A{}^2 = {P_B{}^2}/{\gamma}$$

위 두 가지 상황에서 r=ρ =1일 때,

$$\alpha = \rho^2$$

단지 분지 단위체만 있으며, 분지 단위체의 관능기 그룹이 다른 분지 단위체로 유도되는 것이 반응의 연장으로 볼 때,

$$\alpha = \rho$$

위의 상황들은 상당히 일반적인 것이며, 분지 단위체의 관능기와 관계가 없다.

부가 중합반응

제6장

1. 개요

이중결합을 갖는 단량체가 라디칼 또는 이온과 같은 활성종을 매개로 고분자를 생성하는 반응을 부가 중합이라 한다.

불포화 단량체---사슬 Rx-→고분자

활성중심은 사슬의 끝에 위치하며, 단량체의 대부분이 미반응으로 남아 있어도 반응속도가 빨라 높은 분자량의 고분자가 생성된다. 그래서 반응 초기에 이미 분자량이 결정된다

2. 비닐 단량체

$CH_2=CHY$ 및 $CH_2=CXY$(X, Y=할로겐, 알킬, 에스터, 페닐 등은 치환체의 특성에 따라 반응속도의 영향을 받는다). 활성중심에 따라 자유 라디칼, 이온성(음이온, 양이온), 배위중합반응으로 나눌 수 있으며, 치환기의 성질에 따라 한 가지 이상의 반응 메커니즘이 가능하다.

3. 사슬 중합의 메커니즘

열, 높은 에너지의 조사 및 산화환원(Rx)에 의한 활성중심종이 생성된다. 개시제로 사용되는 유기화합물의 예는 다음과 같다.

(구조 1)

아조-비스-이소부티로니트릴(AIBN)

$$(CH_3)_2\!-\!CN\!=\!NC\!-\!(CH_3)_2 \longrightarrow (CH_3)_2\,C\bullet \ +\ N_2$$

포타슘 퍼설페이트

$$K_2S_2O_8 \longrightarrow 2K^+ + 2SO_4^-$$

(구조 2)

t-부틸하이드로페록사이드

$$H_2O_2 + Fe^{3+} \longrightarrow Fe^{2+} + OH^- + OH\bullet$$

$$S_2O_2^{2-} + Fe^{2+} \longrightarrow Fe^{3+} + SO_4^{2-} + SO_4^-$$

(구조 3)

3.1 개시단계

개시단계는 크게 2단계로 분류된다.

－ 개시 1단계(속도 결정단계):

약한 공유결합의 균등한 분해 단계

$$R:R \longrightarrow 2R^{\cdot} \qquad \text{(식 6.1)}$$

- 개시 2단계: 비닐 단량체의 이중결합 중 하나에 홀전자를 부여하여 새
로운 자유 라디칼을 생성하는 단계

$$\text{(식 6.2)}$$

3.2 전파단계

개시 과정에서 생성된 자유라디칼이 단량체에 빠른 속도로 추가되는 과
정으로 활성중심에 추가되는 단량체의 이중결합 중 반응하지 않는 탄소원
자로 이동한다.

$$\text{(식 6.3)}$$

디엔의 경우 두 개의 이중결합이 존재하므로 1.4(이중결합이 골격에 포함
된 트랜스 또는 시스)와 1.2 곁사슬기로의 반응경로가 가능하다.

1,2 addition

$$\text{(식 6.4)}$$

(식 6.5)

3.3 종결단계

이론적으로 연쇄반응은 모든 단량체가 소진될 때까지 진행 가능하지만 **라디칼의 불안정성과 상호 결합**에 의해 다음의 두 가지 반응경로로 종결되는 것으로 생각된다.

- 조합 및 결합(식 6.6): 라디칼의 상호 결합으로 하나의 고분자를 생성한다.
- 불균화 반응(식 6.7): 수소이동, 포화/불포화 말단기를 가진 두 개의 고분자를 생성한다.

(식 6.6)

(식 6.7)

3.4 사슬이동

라디칼 반응성을 단량체, 고분자, 용매, 개시제, 불순물과 같은 다른 종에 전달하여 원래 활성을 띠던 고분자는 반응을 종결하고 새로운 활성 분자가 만들어지는 과정이다.

114

- 경우1: 용매 분자와 같은 포화분자와 반응할 경우, 용매분자의 원자가 라디칼로 전이한다.

- 경우2: 단량체와 같이 불포화분자와 반응할 경우, 두 가지 반응 경로가 가능하다.

라디칼의 생성/소멸이 이루어지지 않으므로 전체 중합 속도에는 영향이 없지만 분자량을 제한한다. 라디칼 중합은 첨가제의 영향을 직접적으로 받아 중합이 저해되는 경우가 있다. 중합이 저해되는 정도에 따라 첨가제는 금지제 또는 억제제로 불린다. 그리고 중합이 일어나지 않는 시간을 유도기간이라 한다.

- 지연제: 계에 첨가되면 비라디칼이나 활성이 매우 낮은 라디칼을 만들어 중합속도를 낮춘다.

- 억제제: 중합속도를 급격히 낮추거나 중합 과정을 완전히 종결시키는 첨가제이다.

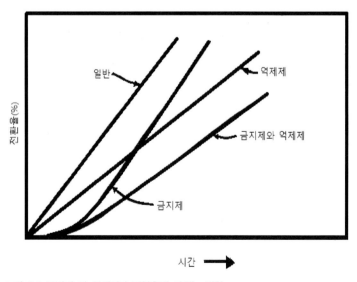

그림 6.1 금지제 및 억제제가 전환율에 미치는 영향

4. 자유 라디칼 중합의 정상 상태 동역학

4.1 동역학적 사슬 길이

동역학적 사슬 길이는 큰 값으로 가정한다. 개시반응에서 소모되는 단량체의 양은 성장반응에서 사용되는 단량체의 양에 비해 무시 가능한 것으로 본다.

4.2 단량체에 대한 라디칼 부가 방향

성장 사슬이 단량체에 부가되는 반응은 모두 동일한 방식으로 일어난다. 즉, 성장은 머리-꼬리 방식에 의해 진행되는 것으로 하며 라디칼을 가진 성장 사슬은 아래의 형태로만 존재하는 것으로 한다.

4.3 라디칼 반응성과 크기

성장 라디칼의 반응성은 라디칼 사슬의 크기와 중합도와 무관한 것으로 본다. 이런 가정을 통해 각각의 성장과정에 대한 속도상수 k_{p1}, k_{p2}, k_{p3}, ... k_{pn}은 동일하다고 할 수 있다.

4.4 정상-상태 근사

반응계(시스템)에 존재하는 총 라디칼 종의 농도는 항상 일정하다고 본다.

$$d[R]/dt = d[Rn]/dt = 0$$

A. 개시
개시제의 분해

$$I ---(k_d)-\!\!\rightarrow 2R^.$$

따라서,

$$V_d = 2k_d[I] - - - - - - - - - - - - - - - \tag{1}$$

개시반응

$$R + M ---(k_i)-\!\!\rightarrow RM (\equiv M)$$

따라서,

$$V_i = d[M]/dt = 2f\ k_d[I] - - - - - - - - - - - - - \tag{2}$$

여기서,

$$f: 개시제의 효율(0 < f < 1)$$

B. 전파

$$M+M\text{---}(k_p)\text{-}\rightarrow MM(\equiv M)$$

따라서,

$$V_p=k_p[M][M]\text{-} \text{-} \text{-} \text{-} \text{-} \text{-} \text{-} \text{-} \text{-} \text{-} \text{-} \text{-} \text{-} \text{-} \text{-} \text{-}\ (3)$$

C. 종결

$$M+M\text{---}(k_t)\text{-}\rightarrow M\text{-}M$$

동력학적으로 조합(combination)과 수소-이동(H-transfer)에 의한 종결반응은 동일하므로 구분의 필요가 없다.

따라서,

$$V_t=2k_t[M]^2 \text{-} \text{-} \text{-} \text{-} \text{-} \text{-} \text{-} \text{-} \text{-} \text{-} \text{-} \text{-} \text{-} \text{-} \text{-}\ (4)$$

위에서 2는 각 종결 반응에서 두 개의 라디칼이 소멸되므로 고려인자이다. 정상상태를 가정하면 전체 라디칼의 농도는 항상 일정하고 이는 라디칼이 같은 속도로 생성과 소멸함을 의미($V_i=V_t$)하므로 식 (2), (4)로부터

$$2f\ k_d[I]=2k_t[M]^2$$
$$\therefore\ [M]=(f\ k_d/k_t)^{1/2}[I]^{1/2} \text{-} \text{-} \text{-} \text{-} \text{-} \text{-} \text{-} \text{-} \text{-} \text{-}\ (5)$$

또한 전체 축합 속도는 성장 반응 중 단량체의 소비 속도라 할 수 있으므로 식 (3), (5)로부터

$$R_p=k_p(f\ k_d/k_t)^{1/2}[I]^{1/2}[M] \text{-} \text{-} \text{-} \text{-} \text{-} \text{-} \text{-}\ \text{-} \text{-} \text{-} \text{-} \text{-} \text{-} \text{-}\ (6)$$

식 (6)의 의미는 개시제의 효율이 단량체 농도와 무관하다는 가정이다. 라디칼 중합반응에서 고분자의 생성 속도는 단량체의 농도에 대해 1차이고 개시제 농도에는 반차임을 나타낸다. 하지만 엄격히 말해 이는 반응 초기 단계에서만 유효하다 할 수 있다(그림 6.2).

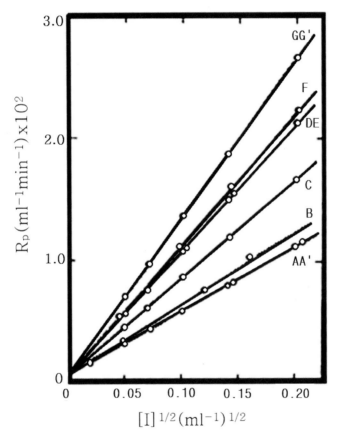

A, bis(p-chlorobenzoyl)peroxide; B, benzoyl peroxide; C, acetyl peroxide in dimethylphthalate; D, lauroryl peroxide; E, myristoryl peroxide; F, caprylyl peroxide; G, bis(2,4 dichlorobenzoyl) peroxide

그림 6.2 서로 다른 개시제의 농도와 중합속도 사이의 관계

$R_p/[I]^{1/2}[M]$는 항상 일정한 값을 가지는데 몇몇 예들로부터 이 값은 실제로 희석 정도가 커져도 단지 작은 감소만을 보임으로써 개시제의 효율은

희석 정도에 크게 영향을 받지 않음을 나타낸다.

만약 개시제의 f 값이 매우 높다면 f는 [M]과 무관하다 할 수 있으며 위의 식이 성립되고 f가 매우 낮은 값을 갖는 경우에는 Rp α $[M]^{3/2}$ 인 관계를 보이게 된다.

4.5 자동 가속화 반응(Trommsdorff 효과)

중합과정에서 반응속도와 분자량이 갑자기 증가하는 단계로 단량체의 종류에 따라 1차 반응속도에서 많은 차이를 보인다.

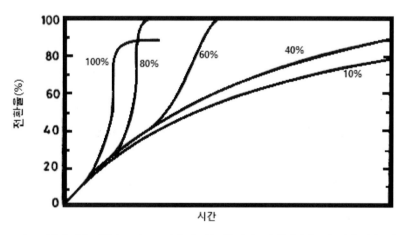

그림 6.3 벤젠 내에 다른 농도의 모노머가 벤조일 퍼옥사이드의 존재하에 50℃에서 메타크릴레이트의 중합과정

그림 6.3에서 단량체의 농도가 60% 이상일 때 반응속도가 급격히 증가하는 구간이 발생하는 것을 확인할 수 있는데, 특히 메틸메타크릴레이트, 메틸아크릴레이트, 아크릴산 단량체 경우 두드러지게 나타난다. Trommsdorff는 자동가속화를 k_t의 감소로 설명하였다. 즉, 형성되는 고분자의 농도가 증가하고 계의 점성이 증가하므로 활성을 갖는 고분자 사슬의 확산 속도는 감소한다. 따라서 라디칼 활성을 가지는 두 분자의 상쇄 확률은 줄어들고 단

량체의 확산은 계의 점성에 의존하지 않으므로 종결속도의 감소는 분자량의 급격한 증가를 초래하는 것으로 본다.

4.6 동역학적 사슬 길이 V

v는 개시반응에서 생성된 라디칼이 반응정지까지 소비한 단량체의 평균 수를 말하며 다음 식으로 표시된다.

$$v=Rp/Rt=Rp/Ri(at\ steady\ state)$$

단, Rp: 중합반응 속도

Rt: 정지반응 속도

Ri: 개시반응 속도 $\therefore$

앞의 식 (3), (4), (5)로부터,

$$v=k_p[M]/2(f\ k_d\ k_t[I])^{1/2} \text{- - - - - - - - - - - - -} (7)$$

위의 식 (7)은 수평균 중합도(Xn)과 관련이 있는데 이러한 관계는 사슬 이동 Rx의 존재 여부에 따라 다른 관계를 보인다. 우선 사슬-이동 Rx가 발생하지 않는 경우에는 정의에 의해,

$$Xn=(M_o-M_t)/P_t=2v(k_{tc}+k_{td})/(k_{tc}+2k_{td})$$

여기서,

M_o: 존재하는 단량체 초기의 분자 수

M_t: 시간 t에서 단량체 분자의 수

P_t: 시간 t에서 중합체 분자의 수

위의 식을 시간에 대해 미분한 후 아주 짧은 시간에 대해 고려해 정리하면,

Xn=2Rp/Rt=2Rp/Ri   조합에 의한 종결

Xn=Rp/Rt=Rp/Ri   불균화 반응에 의한 종결

∴ **Xn=2v**   조합에 의한 종결

    Xn=v   불균화 반응에 의한 종결

또한 Xn은 한 개의 고분자에 포함되어 있는 단량체의 평균 개수를 의미하므로 수평균 분자량은 다음과 같이 나타낼 수 있다.

$M=M_o$ Xn(여기서 M_o: 단량체의 분자량)

4.7 사슬-이동 반응

이론적으로 Xn과 v(or 2 v)는 일치해야 하나 실제로 Xn은 v(or 2 v)보다 항상 적게 나타나 생성되는 고분자의 수가 개시 반응에서 생긴 라디칼의 수보다 많이 발견된다. 즉, 중합반응에서 활성 라디칼은 반응계 중의 시약(개시제, 단량체, 용매 등)으로 연쇄이동을 일으켜 성장반응이 정지되게 된다. 이와 같은 연쇄이동 반응이 일어나면 분자량은 크게 증가하지 않는다.

개시제로의 연쇄이동

$$M+I \text{---}(k_{tr,I})\text{-}{\rightarrow}Polymer(dead)+I^{\cdot}$$

이때,

$$V_{tr,I}=k_{tr,I}[M][I]$$

단량체의 연쇄이동

$$M+M' \text{---}(k_{tr,M})\text{-}{\rightarrow}Polymer(dead)+M'^{\cdot}$$

이때, (M'≡M으로 두면)

$$V_{tr,M}=k_{tr,M}[M][M]$$

용매로의 연쇄이동

$$M+SH---(k_{tr,S})-\rightarrow Polymer(dead)+S^{\cdot}$$

이때, (SH≡S로 두면)

$$V_{tr,S}=k_{tr,M}[M][S]$$

이들 연쇄이동을 고려한 고분자의 중합도는 다음 식과 같이 된다.

$$Xn=Rp/(f\ k_D[I]+k_{tr,M}[M][M]+k_{tr,S}[M][S]+k_{tr,I}[M][I])$$

위의 식에서 Xn은 v로 바꾸고 [I], [M]을 앞서의 수식으로 치환하면,

$$1/Xn=C_M+C_S[S]/[M]+k_tRp/k_p^2[M]^2+C_I(k_t/k_p^2f\ k_d)Rp^2/[M]^3$$

여기서,

$C_I=k_{tr,I}/k_p$: 개시제로의 연쇄이동 정수
$C_M=k_{tr,M}/k_p$: 단량체로의 연쇄이동 정수
$C_S=k_{tr,S}/k_p$: 용매로의 연쇄이동 정수

레귤레이터, 개질제는 연쇄이동 정수가 1이거나 그 이상인 물질로 소량 첨가로 인해 고분자의 분자량을 조절하는 데 유용하게 사용된다. 예를 들면 부타디엔이나 다이올레핀으로부터 합성고무를 만들 때 지방족 머캅탄을 첨가하여 원하는 분자량의 고분자를 합성한다.

표 6.1 사슬 길이 및 구조에 대한 사슬전달 효과

Chain Transfer To	R_p	M_n	M_w	분자구조
활성 라디칼을 생성하는 작은 분자	없음	감소	감소	없음
금지제 또는 억제제를 생성하는 작은 분자	감소	감소 또는 증가	감소 또는 증가	없음
고분자(분자 간)	없음	없음	증가	긴 가지 생성
고분자(분자 내)	없음	없음	증가	짧은 가지 생성

표 6.2 60℃에서 단량체 중합반응의 과산화물 개시를 위한 용제의 이동 상수

용제	이동 상수: $C_s \times 10^4$		
	Methyl Methacrylate	Styrene	Vinyl Acetate
Acetone	0.195	4.1	25.6(70℃)
Benzene	0.83	0.028	2.4
Carbon tetrachloride	2.40	84.0	2023.0(70℃)
Chloroform	1.77	3.4	554.0(70℃)
Toluene	0.202	0.105	20.75

공중합

제7장

1. 개요

공중합이나 블렌드는 단일 중합체에서는 얻을 수 없는 성질을 갖는 고분자를 제조하기 위한 목적으로 만들어졌다. 예를 들어, 실용적으로 중요한 가공성, 염색성, 제반 물성(예: 내마모성, 연신성, 유연성, 내충격성, 투명성, 흡습성, 용해성 등)의 개선을 목적으로 한다. 예를 들어 내충격성 플라스틱은 염화비닐/초산비닐의 공중합체를 사용하며, 콘택트렌즈 및 투명하고 친수성의 플라스틱 제품은 MMA/HEMA/바이닐 피롤리돈의 공중합체로 이루어져 있으며, 광분해성 고분자는 에틸렌-일산화탄소 공중합체(ECO) 등이 있다.

$$\left[\!\!\left(CH_2\!-\!CH_2\right)_i\; \underset{\displaystyle \underset{O}{\|}}{C}\right]_n$$

2. 공중합체 방정식

단량체를 M_1, M_2, 성장 고분자를 M_1, M_2라 하고, 다음과 같은 가정이 성립된다고 하자.

가정 1) 라디칼의 반응성은 연쇄 길이에 무관하다.
가정 2) 반응성은 말단 단량체 단위에서 규정된다.

단량체 M_1, M_2에 대해, 성장반응으로써 식 (1)~(4)가 고려된다.

$$----M_1 \cdot + M_1 ---(k_{11})-\!\!\!\rightarrow ------M_1 \; M_1 \cdot$$

$$V_{11} = k_{11}[M_1 \cdot][M_1] \text{ - - - - - - - - - - - - - - - - -} (1)$$

$$----M_1 \cdot + M_2 ---(k_{12})-\!\!\!\rightarrow ------M_1 \; M_2 \cdot$$

$$V_{12} = k_{12}[M_1 \cdot][M_2] \text{ - - - - - - - - - - - - - - - - -} (2)$$

$$----M_2 \cdot + M_1 ---(k_{21})-\!\!\!\rightarrow ------M_2 \; M_1 \cdot$$

$$V_{21} = k_{21}[M_2 \cdot][M_1] \text{ - - - - - - - - - - - - - - - - -} (3)$$

$$----M_2 \cdot + M_2 ---(k_{22})-\!\!\!\rightarrow ------M_2 \; M_2 \cdot$$

$$V_{22} = k_{22}[M_2 \cdot][M_2] \text{ - - - - - - - - - - - - - - - -} (4)$$

여기서, 라디칼 생성과 소멸 속도가 같은 정류상태라고 가정하면,

$$k_{21}[M_2 \cdot][M_1] = k_{12}[M_1 \cdot][M_2] \text{ - - - - - - - - - - -} (5)\text{이고}$$

단량체의 소비 속도는 식 (6), (7)과 같다.

$$-d[M_1]/dt = k_{11}[M_1 \cdot][M_1] + k_{21}[M_2 \cdot][M_1] \text{ - - - - - - - - - - - -} (6)$$

$$-d[M_2]/dt = k_{12}[M_1 \cdot][M_2] + k_{22}[M_2 \cdot][M_2] \text{ - - - - - - - - - - - -} (7)$$

$$\therefore d[M_1]/d[M_2]=[M_1]/[M_2]*(r_1[M_1]+[M_2])/([M_1]+r_2[M_2]) \quad - - - - - - \text{(8)}$$

: 공중합체 방정식(copolymer equation)

여기서 r_1, r_2는 단량체의 반응성비(monomer reactivity ratio)로서 다음과 같이 정의할 수 있다.

$$r_1=k_{11}/k_{12}, \quad r_2=k_{22}/k_{21}$$

여기서 F_1 및 F_2는 중합공정 중 임의의 순간에 형성된 중합체의 증가량에서의 단량체 M_1 및 M_2의 몰분율을 나타낸다.

$$F_1=1-F_2=d[M_1]/d([M_1]+[M_2])- - - - - - - - - - - - - \text{(9)}$$

이와 유사하게, 공급된 단량체 중 미반응된 M_1 및 M_2의 몰함수를 f_1 및 f_2로 나타내었다.

$$f_1=1-f_2=[M_1]/([M_1]+[M_2])- - - - - - - - - - - - - \text{(10)}$$
$$\therefore F_1=(r_1 \ f_1^{\ 2}+f_1f_2)/(r_1 \ f_1^{\ 2}+2 \ f_1f_2+r_2 \ f_2^{\ 2}) \quad - - - - - - - - - \text{(11)}$$

그러므로 r_1, r_2가 이미 알려져 있으며, 미반응 단량체 농도 $[M_1]$, $[M_2]$로부터 공중합체 중이 $[M_1]$, $[M_2]$의 계산이 가능하다. 또한 역으로 공중합체 중의 $[M_1]$, $[M_2]$의 조성분석으로부터 r_1, r_2를 계산하는 것도 가능하다.

3. 공중합의 유형

r_1과 r_2는 동종 단량체 혹은 이종 단량체에 대한 상대적인 반응 선호도를

나타내는 것으로 두 값의 곱인 r_1 r_2의 값이 1과 같은가, 크거나 작은가에 따라 세 가지로 나누어 생각할 수 있다.

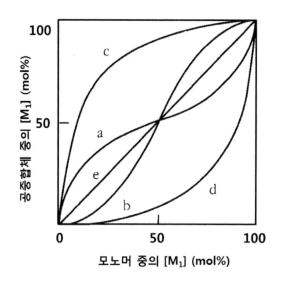

그림 7.1 공중합 조성곡선

3.1 이상적인 공중합(r_1 r_2=1)

각 라디칼에 동족 혹은 이종 라디칼이 반응할 확률이 같으므로 이상적인 공중합반응(ideal copolymerization)에서는 랜덤 공중합체(random copolymer)를 예상할 수 있다. 중합체에서 단량체의 상대적인 양은 각 단량체의 반응성과 단량체 공급(monomer feed)에 따라 좌우되는데 다음 두 가지 경우를 생각할 수 있다.

경우1: r_1>1 and r_2<1(curve c) or r_1<1 and r_2>1(curve d)

어느 쪽이든 반응성이 좋은 한편의 동종 단량체 간의 중합이 이종 단량체 간의 중합보다 우선한다.

경우2: $r_1=r_2=1$(curve e)

동종 단량체 및 이종 단량체 사이의 중합이 동등하게 일어난다. 따라서 공중합체의 조성은 공급된 조성과 일치한다.

$$F_1=f_1f/(f_1+f_2)=f_1$$

3.2 교대 공중합[r_1, $r_2\langle0$(curve a)]

$r_1=0$ $r_2=0$ 또는 r_1 $r_2=0$일 경우, 각 라디칼은 절대적으로 이종 단량체와 반응하므로 결과적으로 공급된 조성(feed composition)에 상관없이 교대 공중합체를 만든다.

$$d[M_1]/d[M_2]=1$$
$$F_1=0.5$$

3.3 블록 공중합[$r_1\rangle1$, $r_2\rangle1$(curve b)]

두 단량체 모두 동종 단량체 간의 중합이 우선적으로 일어나 블록 형태의 공중합체를 생성한다. 라디칼 중합에서는 이와 같은 예가 없다.

표 7.1 일부 단량체의 반응성 비

단량체1	단량체2	r_1	r_2	T(℃)
	1, 3-Butadiene	0.02	0.30	40
	Methyl methacrylate	0.15	1.22	80
Acrylonitrile	Styrene	0.04	0.40	60
	Vinyl acetate	4.2	0.05	50
	Vinyl chloride	2.7	0.04	60

	Methyl methacrylate	0.75	0.25	90
1, 3-Butadiene	Styrene	1.35	0.58	50
	Vinyl chloride	8.8	0.035	50
	Styrene	0.46	0.52	60
Methyl methacrylate	Vinyl acetate	20	0.015	60
	Vinyl chloride	10	0.1	68
Styrene	Vinyl acetate	55	0.01	60
	Vinyl chloride	17	0.02	60
Vinyl acetate	Vinyl chloride	0.23	1.68	60

4. 반응성에 따른 중합체 조성의 변화

반응성이 다른 단량체를 통해 생성된 중합체는 조성이 다른 중합체가 된다. 예를들어 스티렌(styrene)(r_1=55)과 바이닐 아세테이트(vinyl acetate)(r_2=0.015)의 경우, 스티렌(styrene)의 반응성이 좋으므로 초기에 형성되는 고분자는 스티렌(styrene)이 소진될 때까지 거의 스티렌(styrene)으로 이루질 것이며, 최종 생성물은 최초 반응물의 조성과 일치하여야 하므로 결과적으로 불균일한 상태의 중합체가 만들어질 것으로 보인다.

5. 공중합반응의 화학

단량체와 라디칼의 반응성은 단량체 이중결합에 있는 치환체의 특성에 영향을 받는다.

- 이중결합의 활성에 의한 단량체 반응성의 증가
- 생성 라디칼에 대한 공명 안정성
- 반응 위치의 입체 장애(steric hindrance) 발생 여부

5.1 단량체 반응성

기준 라디칼(reference radical) 간의 반응성(k_{11})을 1로 하였을 때, 다른 단량체와의 반응성(k_{12})을 상대적으로 나타낼 수 있다.

표 7.2 60°C에서 기준 라디칼 단량체의 상대적 반응성

단량체	기준 라디칼				
	Styrene	Methyl methacrylate	Acrylonitrile	Vinyl chloride	Vinyl acetate
Styrene	(1.0)	2.2	25	50	100
Methyl methacrylate	1.9	(1.0)	6.7	10	67
Acrylonitrile	2.5	0.82	(1.0)	25	20
Vinylidene chloride	5.4	0.39	1.1	5	10
Vinyl chloride	0.059	0.10	0.37	(1.0)	4.4
Vinyl acetate	0.019	0.05	0.24	0.59	(1.0)

표 7.2로부터 각 단에서 위에서 아래로 갈수록 약간의 불규칙성은 존재하나 단량체의 반응성이 줄어드는 것을 확인할 수 있으며, 이러한 경향은 다음과 같다.

$$-C_6H_5 > -CH=CH_2 > -COCH_3 > -CN > -COOR > -Cl > -CH_2Y > -OCOCH_3 > -OR$$

즉, 이러한 경향은 생성 라디칼에 대한 공명 안정성의 기여도 순서와 같다. 예를 들어 스티렌의 공명 안정에너지는 약 20kcal/mol로 비공명 시스템(nonconjugation system)의 1~4kcal/mol에 비해 큰 값을 보인다.

5.2 라디칼 반응성

치환체에 의한 라디칼 반응성은 앞서 본 단량체의 반응성 경향과 반대의 경향을 보이며 치환체는 단량체 반응성의 증가보다 라디칼 반응성의 감소

에 더 큰 영향을 준다.

표 7.3 60°C에서 라디칼-단량체 전파속도 상수(l/mol-s)

단량체	라디칼					
	Butadiene	Styrene	Methyl methacrylate	Methyl acrylate	Vinyl chloride	Vinyl acetate
Butadiene	100	250	2,820	42,000	350,000	—
Styrene	74	143	1,520	14,000	600,000	230,000
Methyl methacrylate	134	278	705	4,100	123,000	150,000
Methyl acrylate	132	206	370	2,090	200,000	23,000
Vinyl chloride	11	8	70	230	12,300	10,000
Vinyl acetate	—	2.6	35	520	7,300	2,300

5.3 입체 효과

표 7.4 라디칼-단량체 반응에 대한 속도상수(k12)

단량체	고분자 라디칼		
	Vinyl acetate	Styrene	Acrylonitrile
Vinyl chloride	10,000	8.7	720
Vinylidene chloride	23,000	78	2,200
Cis-1, 2-dichloroethylene	370	0.60	—
Trans-1, 2-dichloroethylene	2,300	3.9	—
Trichloroethylene	3,450	8.6	29
Tetrachloroethylene	460	0.70	4.1

두 번째 치환체의 위치에 따른 반응성의 차이가 있다. 1 또는 α-위치로 치환된 단량체가 2 또는 β 위치에 치환된 단량체보다 더 우수한 반응성을 보인다.

예 7.1: 아크릴로니트릴 단량체와 반응성이 작은 순서로 단량체를 배열하라. 그 이유는 무엇인가?

a. Methacrylate

b. Vinyl methylether

c. Methyl methacrylate

d. Vinyl acetate

답:

단량체	구조
a. Methacrylate	$H_2C=CH$ $\|$ $C=O$ $\|$ O $\|$ CH_3
b. Vinyl methylether	$H_2C=CH$ $\|$ O $\|$ CH_3
c. Methyl methacrylate	CH_3 $\|$ $H_2C=C$ $\|$ $C=O$ $\|$ O $\|$ CH_3
d. Vinyl acetate	$H_2C=CH$ $\|$ O $\|$ $C=O$ $\|$ CH_3

반응성의 순서: c>a>d>b

이유: (1) 생선된 라디칼이 안정화를 증가시킨다. (2) 1-위치의 두 번째 치환기는 단량체 반응성을 증가시킨다.

5.4 교환 극성 효과

특정 단량체 쌍에서 공중합반응이 더욱 활발히 일어나는 것을 볼 수 있는데 이는 단량체-라디칼 간의 친밀도의 차이에서 생기는 것으로 보인다. 즉, 치환체의 전자적 특성이 서로 다른 경향(전자주개-전자받개)을 보일 때 교환 경향성(alternating tendency)은 증가한다.

6. Q-e 개념

라디칼-단량체의 반응 속도 상수 k_{12}을 다음과 같이 나타낸다.

$$k_{12}=P_1Q_1\exp(-e_1e_2)$$

여기서,

P_1: 라디칼 M_1의 반응성

Q_1: 단량체 M_2의 반응성(공명 특성에 의해 결정됨)

e_1, e_2: 라디칼과 단량체의 극성 정도

만약, 단량체와 그 라디칼이 같은 e값을 가지는 것으로 가정하면,

$$k_{11}=P_1Q_1\exp(-e^2)$$

따라서,

$$r_1=k_{11}/k_{12}=Q_1/Q_{12}\exp[-e_1(e_1-e_2)]$$
$$그리고 \ r_2=k_{22}/k_{21}=Q_2/Q_1 \ \exp[-e_2(e_2-e_1)]$$

따라서, Q와 e 값을 지정함으로써 어떤 단량체 쌍에 대한 r_1, r_2 값을 계산하는 것은 가능하다.

표 7.5 단량체의 Q와 e 값

단량체	e	Q
t−Butyl vinyl ether	−1.58	0.15
Ethyl vinyl ether	−1.17	0.032
Butadiene	−1.05	2.39
Styrene	−0.80	1.00
Vinyl acetate	−0.22	0.026
Vinyl chloride	0.20	0.44
Vinylidene chloride	0.36	0.22
Methyl methacrylate	0.40	0.74
Methyl acrylate	0.60	0.42
Methyl vinyl ketone	0.68	0.69
Acrylonitrile	1.20	0.60
Diethyl fumarate	1.25	0.61
Maleic anhydride	2.25	0.23

Q-e 개념(Q-e scheme)은 여러 가지 문제점을 안고 있지만 라디칼 공중합 반응에서 단량체의 구조(극성 강도)와 반응성과의 관계를 실험적 자료로 정리한 것으로 의미 있다 볼 수 있다.

고분자 첨가제

제8장

1. 개요

첨가제는 가공제품의 물리적, 화학적 성질을 개선하고 가공성을 향상시킴
은 물론 사용 도중 물성 저하를 방지하기 위해 고분자에 첨가된다. 또한 최
종 사용 목적에 적합하도록 첨가형이나 반응형의 유기물 및 무기물로서, 여
러 종류가 있으며 그 분류는 사용 목적에 따라 아래와 같이 분류할 수 있다.

사용 목적	첨 가 제
안정화	가공안정제, 산화방지제, 자외선 흡수제, 자외선 안정제
유연화	가소제
경량화	발포제
가공성 향상	가공안정제, 활제, 가소제
착색	착색제
정전기 방지	대전방지제
난연화	난연제, 무기 충진제
표면 개선	표면처리제, 활제, 슬립제
강도 향상	충진제, 강화제, 커플링제, 가교제

첨가제는 사용 목적과 고분자의 성질을 따라 그 종류와 함량이 결정되지
만, 선택 시 사용 목적에 따라 요구되는 주된 효과 이외에도 다음 사항들이
공통적으로 고려되어야 한다.

- 수지와의 상용성이 좋고, 표면에 노출되어 외관이나 기능을 손상시키지 않을 것
- 가공온도에서 견딜 수 있어야 하며, 분해나 휘발이 발생하지 않을 것
- 일반 사용상태에서 효과가 지속적일 것
- 병용하여 사용되는 배합제와 반응하여 서로의 효과를 감소시키지 않을 것
- 가공 도중이나 사용 중에 착색이나 변색되지 않을 것
- 무독성일 것

2. 가소제

가소제란 고분자에 배합되어 고분자 분자 간의 응집력을 감소시킴으로써 적당한 탄성률과 유연성을 부여하는 한편, 용융점도를 저하시켜 수지의 가공성을 향상시키기 위한 첨가제이다. 가소화란 고분자의 유리전이온도(Tg)가 저온 쪽으로 이동하여 상온에서 고무와 같이 유연한 상태로 되는 것을 의미한다. 가소제의 선택 시, 요구되는 성질은 사용 목적에 따라 약간씩은 다르나 일반적인 고려사항과 가소제가 가공성이나 제품물성에 미치는 효과는 다음과 같다.

가소제의 선택 시 고려사항은 다음과 같다.

고분자와의 상용성이 좋고 비휘발성인이어야 하며, 가소화 효율이 좋고 표면으로 떠오르는 것이 적어야 한다. 무색, 무독, 무취이고 열, 광, 물, 유류, 유기용매 및 화학약품 등에 안정해야 한다. 내한성이 크고, 플라스틱 표면에 침출되지 않아, 착색제에 영향을 주지 않아야 한다.

가장 이상적인 가소제는 상용성, 성능, 효율성의 3가지 조건을 만족해야만 한다.

가소제가 가공성과 제품물성에 미치는 효과는 다음과 같다.

임계용융온도를 저하시켜 겔화를 촉진시킴으로써 가공온도에서 용이한 혼련을 가능하게 한다. 경도를 저하시키며, 인장강도는 감소하는 반면, 신장

률은 증가한다. 유리전이온도가 낮아짐에 따라 내한성이 증가한다. 가소제의 첨가량이 증가함에 따라 전기전도도가 증가한다.

표 8.1 PVC 가소제 화학구조

가소제 종류	화학구조	예시
Phthalate Ester (Dialkylphthalate)		Di-2-ethylhexyl phthalate or Dioctylphthalte(DOP)
Phosphate Esters (Trialkyl-phosphate)		Tricresyl phosphate(TCP)
Adepates, aelates, oleates, sebacates (Aliphatic diester)		Di-2-ethylhexyl adepate(DOA)
Glygol Derivatives		Dipropyleneglycol benzoate
Trimellitates (Trialkyltrimellitate)		Trisethylhexyl trimellitate(TOTM)

다음의 표에서는 PVC에 가소제를 첨가했을 때, 특성과 적용분야를 보여주고 있다.

표 8.2 일반적인 PVC 가소제

약어	화학 물질	이점	한계	적용분야
		저분자량 Phthalates		
BBP	Butyl benzyl phthalate	급속 융합(고용매화), low migration into flooring asphaltics	일반적인 phthalate들과 비교하여 높은 휘발성, DOP에 비하여 가격이 비싸다.	바닥제:
BOP	Butyl octyl phthalate	급속 융합	상기와 같음	바닥제
DHP	Dihexyl phthalate	상기와 같음	상기와 같음	바닥제
DIHP	Diisoheptal phthalate	상기와 같음	상기와 같음	바닥제
		일반적인 Phthalate		
DOP (DEHP)	Di-2-ethylhexyl phthalate	상대적으로 저가이며, 우수한 내후성, PVC와 상용성도 우수하다.	일반적인 가소제 휘발성과 저온 특성 (−38℃에서 40% PVC에 농도로 존재)	바닥제
DINP	Diisononyl phthalate	낮은 휘발성(ASTM D1203보다 2% 적다); 우수한 전기적 특성; DOP와 비슷한 가격	낮은 내후성, 저온 특성 (DOP와 흡사)	바닥제
Linear phthalates	$C_6, C_7, C_8, C_9, C_{10}, C_{11}$	낮은 휘발성 (−2%); 7~9℃에서 DOP와 DIMP보다 우수한 저온특성 (−47℃에서 40% 가소제) 우수한 내후성	가격 측면에서 DOP 보다 높은 가격, 낮은 전기적 특성	자동차
DIDP	Diisodecyl phthalate	낮은 휘발성(−1%); 우수한 전기적 특성; 우수한 점도 안정	낮은 저온 특성 (−38℃); 낮은 내후성	바닥제
		고분자량 phthalate		
DUP	Diundecyl phthalate	우수한 전기적 특성; 낮은 휘발성 (−50℃에서 48℃ 사이에 40% 농도로 유지); plastisol에서의 우수한 점도 안정성; 매우 낮은 fogging 현상 (자동차 인테리어)	느린 가공 속도; PVC와 상용성의 한계; DOP보다 가격 측면에서 높음; 높은 탄화수소 배출	자동차
DTOP	Ditridecyl phthalate	1% 이하 낮은 휘발성; 우수한 전기적 특성	느린 가공 속도; 높은 점도; 낮은 저온 특성 (−38℃); PVC와 상용성의 한계	자동차
UDP	Undecyl dodecyl phthalate	1% 이하 낮은 휘발성	느린 가공 속도; 높은 점도; 낮은 저온 특성 (−38℃); PVC와 상용성의 한계	자동차
Linear phthalates	C_9, C_{10}, C_{11}	1%이하 낮은 휘발성; 저온특성, 우수한 내후성, 낮은 점도; PVC와 상용성이 개선됨	DOP의 비해 높은 가격	자동차

PVC용 가소제에는 바닥제(벤질 프탈레이트)와 같은 용도에 사용되는 특수 용도 제품도 포함된다. 착색 방지(모노 벤조산염 또는 벤질 프탈레이트), 음식 및 필름(아디패이트 에스테르, 우수한 저온 및 산소 투과성), 난연성(포스페이트 에스테르), 와이어 및 케이블(트리멜리테이트, 낮은 휘발성), 내열성 가소제(에폭시); 스타일렌의 내손상성(아이소프탈레이트, 테레프탈레이트), 장기간 사용도 가소제. 이러한 재료는 DOP보다 가격이 더 높다.

3. 충전재 및 보강재(복합재료)

충진제는 대량으로 첨가되어 원가절감을 목적으로 하는 증량제와 기계적, 열적, 전기적 성질이나 혹은 가공성을 개선하기 위해 첨가되는 보강재의 두 가지로 구분된다. 이 중 보강제에 의해 개선되는 물성을 보면 다음과 같다.

첫 번째, 기계적 성질이다. 이는 굴곡강도, 인장강도, 압축강도 등이 향상되지만 대량의 충진제가 첨가되므로 충격강도, 신장률 등은 저하된다.

두 번째 열적 성질이다. 내열변형온도를 향상시키고 수지의 실제 사용온도를 높일 수 있다. 충진제는 다른 첨가제에 비하여 대량으로 배합되는 것이 일반적이며 많을 경우 40~50%가 사용되기도 한다. 충진제가 고분자에 배합될 때 화학조성이나 형상에 따라 효과가 현저하게 달라진다. 충진제의 화학적 조성에 의한 분류를 보면, 크게 무기질 충진제와 유기질 충진제로 나눌 수 있다.

3.1 무기질 충진제

· 금속분말: 알루미늄, 구리, 납
· 규석질, 규산염: 규석, 규조토
· 알루미나

- 석회질: 탄산칼슘, 석면
- 알루미나 규산질: 운모, 점토
- 마그네시아 규산질: 탈크, 아스베스토
- 탄소, 탄화물: 흑연, 카본블랙, 탄소섬유
- 유리: 유리섬유, 유리분말
- 기타: 시멘트

3.2 유기질 충진제

- 천연물: 식물성-린터, 동물성-울
- 합성물: 비스코스, 아세테이트, 폴리아마이드, 비닐론

가장 일반적인 것은 탄산칼슘, 탈크, 실리카, 규회석, 점토, 황산칼슘, 운모, 유리 구조물, 알루미나 트리하이드레이트이다.

사용 예로, 다음과 같이 분류가 된다.

- 비용 절감: 목재 가루, 점토, 탈크
- 난연성 개선: 알루미나 트리하이드레이트, 탈크
- 고분자의 전기 및 단열 특성을 변성: 운모
- 몰드 수축의 감소: 카본블랙, 알루미늄 플레이크, 금속 또는 금속 코팅 섬유
- 시판 엘라스토머의 강도 및 내마모성 향상: 카본 블랙, 실리카
- 기계적 특성 향상: 석면섬유, 유리, 탄소, 셀룰로스, 아라미드

표 8.3 나일론 6.6의 충전제의 효과

특성	비충전제 수지	운모	칼슘 카보네이트	울라스토나이트	글라스 비드
비중	1.14	1.5	1.48	1.51	1.46
인장 강도(psi)	11,800	15,260	10,480	10,480	9,780
인장 연신율 (%)	60	2.7	2.9	3.0	3.2
굴곡 탄성률(10^3psi)	410	1540	660	780	615
아이조드 임펙트 (노치형)(ft–lb/in)	0.06	0.6	0.5	0.6	0.4
열변형 온도(°F)	170	460	390	430	410
성형 수축 (in/in)	0.018	0.003	0.012	0.009	0.011

표 8.4 열가소성 혼합물 특성

특성	Poly(ehterketone) (PEEK)			Polyetherimide				Polyethersulfone		Nylon6.6	
	비보강	30% 글래스	30% 그래파이트	비보강	30% 글래스	30% 그래파이트	30% 카본섬유	비보강	30% 글래스	30% 카본섬유	20% 캐블라-49
인장강도 (10^3psi)	13.2	20.3	31.2	15.2	24.5	30.0	30.0	11.9	25.0	36.0	18.2
굴곡 탄성률 (10^3psi)	5.65	11.6	22.4	4.80	12.0	25.0	25.0	4.8	13.0	27.0	8.8
연신율 (%)	150	3	3	60	3	1.4	17	40	2.5	2.0	2.3
아이조드 임펙트 (ft–lb/in)	–	–	–	–	–	1.6	1.6	1.2	2.5	2.2	3.1
열변형 온도 (264 psi)(°F)	298	572	572	392	410	410	420	190	485	490	490

충진제의 주된 목적이 물성 및 가공성의 개선에 있으나 대량의 충진제가 배합되므로 경우에 따라서 물성 저하 등의 결점이 나타나기도 한다.

4. 합금 및 블렌드

고분자 블렌드는 2종 이상의 고분자가 공유 결합하여 연결되는 것 없이 혼합되는 고분자 다성분계를 말한다. 고분자 합금은 고분자 블렌드 내에 고분자 성분이 완전 상용상태에 있든가, 혹은 계면에 어느 정도의 친화력이 작용하여, 안정된 마이크로 상분리 상태에 있는 고분자 다성분계를 말한다.

고분자 블렌드의 목적은 가격은 최소로 하면서, 재료가공 특성을 높이고, 제품 성능을 효과적으로 하는 데 있다. 일반적인 이러한 방법의 예로, 결정성 고분자와 비결정성 고분자를 화합하는 것이 있다. 아래의 표에, 합금과 블렌드의 예와 특성, 적용분야를 보이고 있다.

표 8.5 합금/블렌드 주 성질과 적용분야

합금/블랜드	상품명/제조사	주 성질	적용분야
PC/SMA	Arloy/Arco Chemical	인성, 내열성 우수한 성형성	커넥터, 자동차
PC/ABS	Bayblend/Mobay	우수한 저온 충격 강도, 가공성과 강성	스위치
SMA/ABS	Cadon/Monsanto	우수한 연성 그리고 충격강도, 내열성	자동차
PC/ABS	Cycoloy/Borg–Warner Chemicals	우수한 내하중 내열성, 충격강도	전기 도금 부품, 계기판,
ABS/Nylon	Elemid/Borg–Warner Chemicals	내화학성, 낮은 휨저항, 인성, 가공성	자동차
PPE/Nylon	GTX/General Electric	우수한 내열성 내화학성, 입체적 안정화, 내구성	자동차
Polysulfone/ABS	Mindel–A631/Union Carbide	기호성, 가공성, 인성	FDA, NSF 인증 음식 서비스 분야
PPE/PS	Noryl/General Electric	가공성, 내열성, 우수한 입체 안정성, 인성	자동차, 의학 제품
PC/ /PBT, PC/PET	Xenoy/General Electric	내화학성, 인성, 저온 충격성 고온 강성	자동차, 스포츠용품, 군용품

5. 산화 방지제 및 열, 자외선 안정제

고분자는 제조, 운송, 저장 등의 기간 동안 고온, 자외선, 공기나 다른 산화물에 영향을 받을 수 있다. 따라서 고분자의 안정성을 위해 이러한 상황을 피할 수 없다면, 산화 방지제나 열 또는 자외선 안정제 등을 첨가하여 사용한다.

5.1 고분자 안정성

고분자는 열, 산소, 빛 등의 연속적인 화학작용에 의해 저하되기도 한다. 또한 다양한 화학 물질과 수분 등에 노출되면서 영향을 받기 쉽다. 분자량 역시 사슬 절단이나 가교 결합 등에 의한 반응으로 상당히 변화하게 된다.

5.1.1 비사슬 절단 반응

열로 인해 비사슬 절단 반응은 본질적으로 주사슬의 변화 없이 저분자 (주로 곁사슬)를 제거하는 것을 의미한다.

비닐 고분자는 특히 열에 영향을 받기 쉽다. 예로, 딱딱한 PVC는 열 안정제를 사용하지 않으면 일반적으로 가공이 불가능하다. PVC에 안정제를 사용하지 않았을 경우, 용융 공정 온도 부근에서 탈염소화를 겪게 된다.

5.1.2 사슬 절단 반응

고분자 주사슬의 화학적 결합이 열에 의한 자유 라디칼, 이온화 조사, 기계적 힘, 화학반응 등으로 인해 깨지게 된다.

폴리에틸렌이나 폴리스티렌 등의 열에 의한 작용에 의해 고분자 사슬의 약한 결합의 균형 분배로 인해 사슬 절단이 나타나게 된다. 이런 반응은 저분자량이 혼합되어 있는 생성물에서 나타나게 된다.

5.1.3 산화분해

산소나 오존이 자유 라디칼의 형태로 있는 상태에서, 고분자가 분해되는 다양한 반응으로 라디칼이 산화되어 퍼옥시라디칼로 나타나게 된다.

5.1.4 가수분해 및 화학적 분해

열, 산소, 빛 외에 고분자가 다른 유형의 화학 약품이나 물(가수분해)에 영향을 받아 악화되기도 한다. 나일론, 폴리에스터, 폴리카보네이트와 같은 축합 고분자는 가수분해에 영향을 받기 쉽다.

5.2 고분자 안정제

고분자는 열이나 빛에 의한 산화가 많이 일어나게 된다. 이러한 산화반응의 억제수단으로 아래의 세 가지 방법이 가능하다.

개시반응의 금지는 개시반응의 원인이 빛이나 금속일 경우에는 자외선 흡수제나 금속 불활성제에 의해 어느 정도 억제시킬 수 있지만, 열에 의한 경우에는 열원을 제거하는 방법 외에는 거의 불가능하다.

연쇄반응의 금지는 급격히 반응하는 연쇄반응의 진행을 방지하는 방법으로 페놀유도체나 2급 방향족 아민 화합물이 주로 사용된다.

과산화물의 분해는 과산화물이 분해되어 라디칼을 형성하기 전의 형태대로 분리하여 산화반응을 억제시키는 방법으로 인화물 혹은 황화물(싸이오

에스테르) 설파이드 화합물이 주로 사용된다. 이에 따른 산화방지제를 분류해보면 아래와 같다. 라디칼 종결제인 1차 산화방지제, 과산화물 분해제인 2차 산화방지제 그리고 상승효과제는 단독으로 사용될 경우 산화방지에 대한 효과가 전혀 없으나 라디칼 종결제와 같은 다른 산화방지제와 함께 병용하면 우수한 상승효과를 나타내는 첨가제로서 디알킬싸이오프로피오네이트 등이 사용된다.

자외선 흡수제에 대해 살펴보면, 흡수한 에너지를 고분자에 무해한 열에너지로 변화시켜 방출한다. 대부분의 자외선 흡수제는 벤조페논계, 벤조트리아졸계 및 살리실산계 등의 화합물이면 이들 분자구조의 공통적인 특징은 페놀기의 수산기를 가지고 있으며, 주변에 O, N과 같이 전기 음성도가 큰 원자를 가지고 있다. 그러므로 상호 간의 수소결합을 형성하여 흡수한 광 에너지를 안정하게 열에너지로 방출한다.

자외선 흡수제의 종류를 보면,

종류	명칭	구조
살리실산계	p–Octyl phenyl salicylate	
벤조페논계	2–Hydroxy–4–otoxybenzophenone	
	2,2'–dihydroxy–4,4'–dioctoxy benzophenone	
벤조트리아계	2–(2'–hydroxy–5'–methylphenyl) benzophenone	

고분자에 자외선이 조사되면 고분자 내부의 이중결합, 촉매 부산물, 케톤기 및 과산화물 등이 발색단으로 작용하여 자외선 에너지를 흡수한 후 여기상태가 된다. 이 여기상태의 에너지가 결합을 파괴하여 자유 라디칼을 생성하기 전에 활성 감소제가 여기 에너지를 흡수하여 고분자에 무해한 형광이나 인광 및 열에너지로 방출한다.

상업화된 활성 감소제의 종류로는 대부분 니켈 화합물들이 사용되지만 니켈이 고분자 내의 작용기들과 반응하여 착화합물을 형성하여 황색을 띠는 부작용 때문에 사용이 제한된다.

잘 분산된 카본블랙은 실질적으로 모든 빛을 차단하여 과산화물의 분해 및 라디칼 종결제 역할을 수행하여 화학적으로 안정하며 이동성이 없으므로 가장 강한 광산화 반응 방지제이다. 일반적으로 투명성이나 백색이 요구되지 않는 고분자에 마스터 뱃치로 하여 사용된다.

6. 난연제

플라스틱은 대부분 탄소, 수소 및 산소로 구성되어 있는 유기물이므로 가연성을 가지고 있다. 이러한 성질을 개선하여 난연성을 가지는 물질을 난연제라 한다. 난연제의 작용 방식을 보면, 고체 상태 억제법은 숯을 형성하여 열이 내부로 전달되는 것을 방지한다. 기체 상태 억제법은 화학적 구조를 변화시키고 라디칼 연쇄반응을 중지시켜 연소를 방지한다. 이는 할로겐화합물이 가장 효과적이다.

열조작법은 연소 시 H_2가 생성되어 표면을 냉각시키는 작용으로 방지한다.

난연제의 종류는 난연 효과를 가지고 있는 원소인 할로겐, 안티몬 및 인화합물들로써 난연성 원소에 따라 다음과 같이 첨가형과 반응형의 두 종류로 나타낸다.

첨가형은 난연제를 원료수지의 내부에 물리적 혹은 기계적인 방법으로 혼합하는 방법이고, 반응형은 원료수지 자체가 난연성을 나타낼 수 있도록 고분자 중합체와 반응할 수 있는 난연제를 배합 사용하는 방법이다.

표 8.6 난연제 특징과 용도

마켓 / 특징	Alumina Trihydrate		Bromine compounds		Chlorine compounds	
	수지	최종 용도	수지	최종 용도	수지	최종 용도
전자 부품용 팬	unsaturated polyesters, epoxies, phenolics, thermoplastic rubbers	스위치 기어, 격리 장애물, 전기 커넥션,	Nylon 6/6,6, PBT, PET, polycarbonate, epoxy, polypropylene	커넥터, 터미널 스트립, 보빈, 스위치, 서큘 보드	Nylon 6/6, 6, polypropylene, PBT	브롬화 화합물과 같다.
전기 하우징과 엔클로저	Unsaturated polyester	휴대용 컴퓨터 하우징 시스템	ABS, HIPS, polycarbonate	컴퓨터, TV 모니터, 복사기	–	–
와이어, 케이블	LDPE, XLPE, PVC, EPDM	자동차 와이어, 절연체 화합물	XLPE, LDPE, EPDM, thermoplastic rubber	전원 장치, 해상 케이블,	XLPE, LDPE, EPDM, thermoplastic rubbers,	브롬화 화합물과 같다.
가전 제품	Unsaturated polyester	가정용 세탁 장비,	HIPS, ABS, polypropylene	TV 캐비닛, 주방 도구	Polypropylene	전원 장치.
건축 설비	Unsaturated polyester, PVC, acrylic, EPDM, polyurethane, flexible polyurethane	판클링, 화장실 튜브, 샤워장비, 벽과 바닥 덮개,	Unsaturated polyester, rigid polyurethanes foam, expandable polystyrene foam	건축 패널, 반투명 시트, 부식 방지 장비, 단열재	Unsaturated polyester	브롬화 화합물과 같다.
교통 분야	Epoxies, acrylics, PVC	개기판 접착, 장식물	flexible polyurethane foam, rigid polyurethane foam, unsaturated polyesters	밀봉제, 충돌 패딩, 단열재, 해양 산업 (선박 코팅제)	Unsaturated polyester	좌석, 패널, 외장
특징	적절한 난연성, 저비용, 연기 (smoke), 등을 적게 달성하려면 높은 하중이 필요하다. 무독성 다기능 증량제. 난연성 메커니즘: 수화된 물의 열을 가할 때의 흡열 냉각 과정		다양한 응용 분야에서 매우 효율적이며 기능 재공. antimony oxid를 사용하고 cycloaliphatic, bromine/chlorine 파라핀도 사용한다. 기체상 난연 메커니즘: 연소 영역의 화학반응을 방해한다.		상대적으로 낮은 연기 생성. 고성능 첨가제와 고성능 반응제제가 사용됐다. Paraffin은 열 안정성이 낮고 가소화된다. 난연 메커니즘: 브롬화 화합물과 같다.	

표 8.6 (계속) 난연제 특징과 용도

	Phosphorus Compounds		Antimony Oxide	
	수지	최종 용도	수지	최종 용도
전자 부품용 팬	Modified polyphenylene oxide (PPO)	커넥터, 터미널 스트립 등등	Nylon 6/6, 6, PBT, PET	커넥터, 스위치, 서큘 보드, 터미널 스트립
전기 하우징과 엔클로저	Modified PPO	산업용 기기	ABS, HIPS	산업용 기기
와이어, 케이블	PVC	연결 케이블	PVC, XLPE, LDPE, EPDM	PVC 건축 브롬화 염소화 화합물과 같다.
가전 제품	Modified PPO	주방 용구, TV 케비넷	HIPS, ABS, polypropylene	TV 케비넷, 전원 장치, 주방 용구
건축 설비	Rigid polyurethane foam, PVC, unsaturated polyesters	단열제, 벽, 바닥 덮게, 도자기, 합판	Unsaturated polyester, rigid PVC, flexible PVC	페널, 창호, 단열제
교통 분야	PVC, flexible polyurethane foam, rigid polyurethane foam	가구류, 시트 쿠션, 단열제		
특징	Phosphorus는 기질을 보호하며, 할로겐은 기체 상으로 작용한다. 우수한 열 안정성. 변성 PPO는 최대 500~600°F 에서 가공 가능하다. 난연 메커니즘: 응축상 난연제가 호스트 수지에 반응을 일으켜 탄화 및 추가 연소를 방해한다.		불활성 물질 이며, 할로겐 계열 화합물과 함께 사용해야한다. 할로겐 화합물이 난연제 모든 중합체에 사용된다. 이러한 시너지 효과로 효율성을 상시킨다.	

7. 착색제

플라스틱은 일반적으로 원료수지가 비교적 무색, 투명하고 그 배합이 용이하므로 착색제와의 배합에 의해 착색되며 플라스틱에 사용되는 착색제는 기본적으로 안료와 염료가 있다.

안료는 물, 용매 및 플라스틱에 녹지 않는 착색제의 총칭이며, 염료는 반대로 녹는 착색제의 총칭을 뜻한다. 또한 이들의 물성 차이는 안료가 염료에 비해 착색력, 분산성, 선명성 등이 부족한 반면, 내열성, 내후성, 내용제성 및 내약품성이 우수하다.

일반적인 착색제의 사용요건은 아래와 같으며, 이들 모두를 만족할 수 없기 때문에 수지의 종류와 사용목적에 따라 적당한 착색제의 선택이 가장 중요하다.

색조가 선명하고 착색력이 우수해야 한다. 우수한 분산성, 열안정성 및 광안정성을 가지며, 성형제품의 기계적 강도, 성형성, 전기절연성, 경화특성 등을 저해하지 않고, 독성이 없어야 한다. 화학성분에 따른 종류를 간단히 보면, 백색안료는 TiO_2, ZnO, ZnS가 쓰이고 흑색안료에는 카본블랙, 램프블랙, Fe_3O_4, $Cu(Cr, Fe)_2O_4$ 등이 있다.

표 8.7 안료들의 용도와 특징

안료	특징	용도
Reds		
Quinaciones (medium red-magenta)	우수한 500~525°F 열안정성, 우수한 고착성 고비용, 일부 분산이 어려움	자동차
Perylenes (scarlet to violet)	우수한 고착성, 열안정성(325~500°F 범위), 일부 분산이 어려움	자동차
Diazol (scarlet to medium red)	우수한 열안정성, 낮은 고착성, 비교적 고비용과 우수한 분산성	Polyolefins와 vinyls 안에 사용
Azo (scarlet to bluish reds)	열안정성(450~500°F 범위), 넓은 고착성 범위	Polyolafin 포장, 장난감, 가구
Permanent red 2B (scarlet to bluish reds)	상용성 있는 밝은 붉은 색조, 좋은 열안정성 및 질량 안정성, 제한된 흰색 안정성	Polyolefins, rubbers, vinyl의 사용
Oranges		
Isoindolinonone (medium orange)	투명하며 우수한 열안정성 및 내광 안정성, 상대적으로 고비용	Vinyl, polyolefins, styrenics에 사용
Diaryl orange₩ (medium orange)	열안정성(450~500°F), 내광 안정성, 높은 착색력, 블리딩현상	Polyolefins 포장, 장난감에 사용
Yellows		
Isoindoline (reddish yellow)	우수한 열안정성(550~575°F), 내광 안정성.	Engineering plastic, PVC, Polypropylene에 사용.
Quinophthalone (greenish yellow)	적절한 내광 안정성, 우수한 열안정성, 제한된 색조 조명 안정성	Vinyl, polyolefins에 사용
Metal complex (greenish yellow)	열안정성(550~575°F), 우수한 내광 안정성	PVC, polypropylene에 사용
Greens		
Phthalocyanine (bluish to yellowish green)	600°F에서 열안정성, 내광 안정성, 우수한 분산성	polyethylene styrenics, polypropylene, engineering resin 등에 사용
Blues		
Indanthrone (reddish blue)	우수한 내광 안정성, 열안정성, 고비용	Vinyl의 연한 색조 발색 사용

표 8.7 (계속) 안료들의 용도와 특징

안료	특징	용도
	Violets	
Carbazole (reddish violet)	매우 높은 착색력, 제한된 내광 안정성	Polyolefins, vinyl에 사용
	Metal Oxides	
Iron oxides(synthetic) Red-maroon	우수한 열안정성, 저비용, 부족한 착색력	다양한 플라스틱에 사용
Zinc ferrite tan	우수한 열안정성, 내후성, 내광성, 다른 iron oxide보다 고비용이다.	다양한 플라스틱에 사용
Iron oxides(natural), siennas	저비용, 불순물을 첨가해도 색 균일도가 좋음	제한된 플라스틱 사용, polyethylene 필름 용지에 사용
Chromium oxide green	우수한 열안정성과 내광 안정성, 불활성, 내후성, 내화학성, 저비용이며 부족한 착색력	열가소성, 열경화성에 사용
	Mixed metals oxides	
Nickel tinuium yellow	우수한 내후성, 불활성, 분산성, 내화학성, 부족한 착색력	Engineering 수지, PVC 사이딩
Inorganic browns	내열성, 내광 안정성, 내화학성, 우수한 착색력, 상대적으로 고비용	열가소성, 열경화성에 사용
Cadmiums, cadmium yellow sulfide	우수한 열안정성, 알칼리 안정성, 내광 안정성, 습도와 산에 민감, 부족한 내후성, 독성	Plastic, engineering resins 등에 사용
Chrome yellow	밝은 착색, 저비용, 우수한 하이딩, 내열성, 내화학성 부족, 독성	열가소성, 열경화성에 약간 사용

8. 대전방지제

대전방지제란 플라스틱에 첨가되거나 완성제품의 표면에 처리되어 제품 표면에 형성되는 정전기를 감소시키거나 제거하는 첨가제이다. 정전기는 생산성을 감소시키거나 화재, 감전, 먼지흡착 등의 원인이 된다.

정전기에 의한 대전성을 개량하는 것은 매우 어려운 문제이며 여러 가지 방법이 시도되고 있다. 예로, 표면을 화학적으로 처리함으로써 친수성을 도입하는 방법, 친수성 단량체를 그래프트시키는 방법, 금속분말과 같은 양도체의 물질을 첨가하는 방법 등이 있으나, 사용상의 제약과 생산성의 문제로 인하여 가장 일반적으로 사용되는 방법은 대전방지제를 사용하는 방법이다. 대전방지제를 사용하여 대전성을 개선하는 방법은 아래와 같이 두 가지 방법이 있다.

내부혼입법은 성형 도중이나 그 이전에 첨가되는 대전방지제를 고분자와 혼합 후, 성형하면서 성형품의 표면에 계면활성제의 얇은 막이 형성되도록 하는 방법으로 대전방지제가 서서히 표면으로 이동하여 효과가 지속적으로 나타난다.

외부도포법은 제품을 성형한 후 제품 표면에 대전방지제를 도포하여 대전방지성을 부여하는 방법으로 대전방지제의 소수성 부분이 제품표면에 강력히 흡착되고 친수성 부분이 공기 중으로 향하여 수분과 흡착함으로써 수분의 극성과 대전방지제의 극성이 전도성을 생성하게 된다.

대전방지제의 종류를 살펴보면, 아래의 표와 같다.

구분	종류		특성
음이온계 (anionic)	Sulfonate type: RSO₃Na Sulfate type : ROSO₃Na₉RO(EO)nOSO₃Na phosphate type:		내열성과 대전방지성은 우수하나 투명성을 저하시키는 경향이 있음
양이온계 (cataionic)	4급 암모늄염형 계면활성제: Benzalkonium chloride		대전방지성은 우수하지만 내영성이 열성세이므로 열이 걸리지 않은 도포형에 많이 이용됨
양성이온계 (amphoteric)	Betain:		대전방지성은 양이온계와 비슷한 수준이지만 내열성은 비이온계나 음이온계에 비하여 약간 열세임
비이온계 (nonionic)	함질소계	Poly oxyethylene stearyl amine:	내부 혼입형으로 사용됨
	비질소계	Poly oxyethylene alkyl amine	
고분자계	Poly cationic Poly anionic Poly nonionic		

고분자 반응 공학

제9장

1. 개요

고분자와 저분자 화합물의 대량생산 시 고려되어야 할 차이점은 다음과 같다. 높은 분자량과 분자량 분포를 보이므로 높은 용융 점도를 보인다. 중합반응은 엔트로피의 감소를 의미하므로 전체 중합반응은 엔탈피의 감소, 즉 발열반응을 의미한다. 따라서 생성열의 제거가 부득이한 문제로 발생한다. 부가 중합반응은 사슬 운반체의 정상 상태 농도가 보통 낮으므로 불순물에 매우 민감하며 사슬 성장 중합반응 역시 높은 분자량을 얻기 위해서는 높은 전환율이 필요하다. 반응물의 부반응을 막아야 하기 때문이다. 저분자에서와 달리 중합반응에서 얻어진 생성물은 증류, 결정화 등의 연속과정을 통해 생성물의 질을 향상시키는 것은 불가능하다. 즉, 중합반응 과정에서 이미 생성물의 순도는 거의 결정된다.

위의 사항들로부터 원하는 생성물을 얻기 위해서는 적절한 반응기와 작동 조건을 선택하는 문제가 중요시되며 또한 반응기에서 발생 가능한 현상에 대한 충분한 사전 지식이 요구된다.

2. 중합 공정

중합 공정의 분류는 균질 공정, 비균질 공정으로 나뉜다. 균일화 공정은 단량체, 개시제, 용매 등의 반응물이 서로 용해성이 있으며 생성되는 고분자에 대해서도 상용성이 있는 경우를 뜻한다. 예를 들면 벌크 용액 중합이 이에 속한다. 비균일화 공정은 촉매, 단량체, 고분자생성물이 서로 비용해성인 경우로 현탁, 에멀전, 계면 중합이 있다.

2.1 균일화 시스템

벌크 중합반응의 반응 혼합물은 사슬 성장 중합반응에서 개시제와 개질재를 포함한 단량체로 구성되며 생성되는 고분자와 서로 섞일 수 있어야한다. 일반적으로 단계-성장 중합반응에서 사용되는데 축합반응은 발열이심하지 않고 반응물의 활성이 낮으므로 높은 반응온도가 요구된다. 자유 라디칼 rx의 경우, 발열이 심하고 점성 반응계에서 열전도가 극히 낮으므로편재된 핫스팟(hot spot)의 발생 위험이 생기며 이로 인해 국부적인 중합이나 고분자의 분해가 일어날 수 있다.

위에서 언급된 열 전이 문제로 고리형 단량체의 균질화 벌크 반응은 상대적으로 낮은 반응성과 중합 엔탈피를 가지는 단량체에 적합하다. 예를 들어 MMA+SM의 반응이 있다.

표 9.1 일부 단량체 중합반응 열

단량체	중합반응 열 Btu/lb*
Ethylene	1530~1660(승화)
Propylene	860
Isobutylene	370
Butadiene	620(1.4 첨가)
Vinyl chloride	650
Vinyl acetate	445(at 170° F)
Acrylic acid	400(at 166° F)
Ethyl acrylate	340
Methyl methacrylate	245
Styrene	290
Isoprene	470
Vinylidene chloride	330
Acrylonitrile	620

반응기에서 발생하는 열 전이 및 수축 문제의 해결방안은 다음과 같다. PMMA 제조 시 순수 단량체 대신 예비 중합 시럽(prepolymerized syrup)의 사용으로 수축률을 감소한다. PS 제조 시 연속적인 대량 중합의 도입으로 열 전이 문제의 해결을 유도한다. 즉, 첫 반응기에서 80도 반응하여 35% 전환율을 일으킨 후 더 높은 온도의 반응기를 차례로 거치도록 한다.

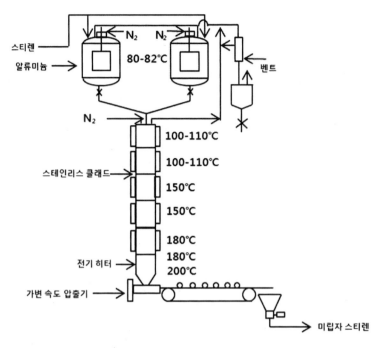

스티렌

알류미늄

N₂ N₂ 80-82℃

벤트

N₂

100-110℃

스테인리스 클래드

100-110℃

150℃

150℃

180℃

전기 히터

180℃

200℃

가변 속도 압출기

미립자 스티렌

그림 9.1 스티렌의 연속 벌크중합을 위한 수직 컬럼반응기

벌크 중합은 생성물의 오염도가 적어 광학적으로 우수한 PMMA나 내충격성 PS 같은 순수 고분자 재료합성에 적당하지만 미반응 단량체 제거가 반드시 이루어져야 할 필요가 따른다.

2.2 용액 중합(solution polymerization)

반응시작 시 단량체, 개시제, 생성 고분자가 모두 용매에 녹아 있는 상태로 존재하며 경우에 따라 특별한 장치가 요구된다. 예를 들어 배위촉매를 이용한 합성고무의 제조에서는 공기(10ppm 이하), 수분, 이산화탄소를 완전히 배제할 수 있는 조건의 장치가 필요하다. 용액 중합에 이용되는 반응기의 디자인은 일반적으로 점도와 발생열의 증가 정도에 따라 달라지며, 대개 교반기, 냉각기, 열원, 온도 등으로 구성된다. 벌크, 현탁, 에멀전 중합에 비해 용액 중합의 장점은 다음과 같다. 촉매가 생성고분자에 의해 코팅될 확률이 상대적으로 작아 그 효율이 유지되고 필요에 따라 중합체로부터 촉매 잔류물을 제거하기 용이하다. 열 전이 문제의 경우, 용매가 불활성 희석제로 작용하여 계의 열 용량을 높인다. 반응물의 환류 온도에서 수행함으로써 중합 시 발생열을 효율적으로 제거할 수 있다. 용매가 존재함으로써 반응의 진행에 따른 점도의 증가속도 감소가 용이하다. 용액 중합의 단점은 일반적으로 고분자의 용해도는 제한적이므로 생산 능력에 따라 반응 용기의 크기가 증가한다. 불활성 용매의 사용으로 반응기 부피당 수율이 감소하며 반응 속도와 평균사슬의 길이가 줄어든다. 용매로의 사슬 이동 가능성을 최소화하기 위한 용제의 선택에 신중해야 한다. 경우에 따라 중합 종결 후 미반응 단량체의 제거와 고분자의 분리에 부가 비용이 들거나 힘든 경우가 발생한다. 용액 중합 방식은 주로 이온, 배위 중합에 이용되며 자유 라디칼 중합에서도 일부 사용되는데 특히 최종 사용처가 접착제나 코팅과정처럼 용액 형태로 쓰이는 경우가 이에 해당한다.

표 9.2 일반적인 용액-중합반응 공정

단량체	제품	용제	촉매	압력 (Psig)	온도 ($^\circ$F)
공액 다이엔	합성 고무	다양함	배위 또는 알킬리튬	40	50
이소 부틸렌 +이소프렌	부틸 고무	메틸클로라이드	$AlCl_2$	Atm	−140
에틸렌 단독, 또는 1−부텐	선형 폴리에틸렌, 호모 또는 공중합체	시클로헥산, 펜탄, 또는 옥탄	실리카 알루미나 베이스 크롬 산화물	400~500	275~375
에틸렌	폴리에틸렌	에틸렌	과산소 생성	500~ 2,000atm	210~480
비닐 아세테이트	폴리비닐 아세테이트	알코올, 에스테르 또는 방향족	과산소 생성 화합물		침적
요소− 포름알데히드 비스페놀 A +포스겐	수지, 폴리카보네이트 수지	물			to 104
디메틸	폴리에스테르 수지	에틸렌 글리콜	다양함		320~570

테레프탈레이트 +에틸렌 글리콜					
레소르시놀 ++포름알데히드	타이어 코드용 라텍스 접착제	물	NaOH	Atm	상온
멜라민 +포름 알데히드	라미네이팅 수지	암모니아수			분무 건조 또는 용액으로 사용
아크릴 아미드 +아크릴로 니트릴	수지	물	암모늄 과황산염	Atm	165~175
아크릴레이트	접착 코팅	에틸 아세테이트	자유 라디칼 개시제	Atm	환류온도
무수말레익산+ 스티렌 +디비닐벤젠	수용성 증점제	아세톤 또는 벤젠	벤조일 과산화물	Atm	환류온도
에틸렌+프로필렌 +다이엔	EPT 고무	탄화수소	배위	200~500	100
에피클로로히드린	폴리에피클로로히드린 엘라스토머	사이클로헥산 또는 에스터	유가- 알루미늄 화합물	자체압력	-20~210
페놀+건성유+ 헥사 메틸렌테트라민	열경화성 수지	에스테르-알코올 혼합물	H₃PO₄	Atm	350, 200, and 185 in stages
프로필렌	폴리프로필렌	헥산	배위	175	150~170
포름알데히드	폴리옥시에틸렌	헥산	음이온 타입	Atm	-60~160

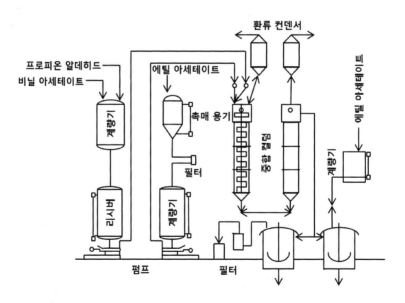

그림 9.2 낮은 점도 폴리비닐아세테이트 용액을 생산하기 위한 연속 공정

2.3 비균질화 과정(heterogeneous process)

2.3.1 현탁 중합반응(suspension polymerization)

현탁 중합반응은 소량의 현탁제(suspension agent)를 포함하는 안정화 매질(stabilizing medium)에 단량체를 한 방울씩 떨어뜨려 분산시키는 중합 방식이다. 촉매나 개시제는 단량체가 액상일 경우 단량체에 용해시키며 기체 단량체가 사용되면 반응 매질(reaction medium)에 용해시킨다. 중합 종결 후 처리과정은 다음과 같다. 현탁 고분자를 블로우다운 탱크(스트리퍼)로 보내 진공 등으로 잔류 단량체를 제거한 후 홀드 탱크(hold tank)에서 혼합한다. 슬러리 혼합물을 연속적인 버스커-형 원심분리기(continuous basker-type centrifuge)나 진동 스크린을 통해 거르고, 물로 세척한 후 다시 물기를 제거한다. 30%가량의 수분이나 용매 함유한 생산품을 건조기(60~90도)로 건조한 후 벌크 창고에 보관하거나 호퍼로 옮겨 파우다 상태의 고분자로 포장하거나 그래뉼 펠렛(granuller pellet)를 만들기 위해 압출기를 통과시킨다.

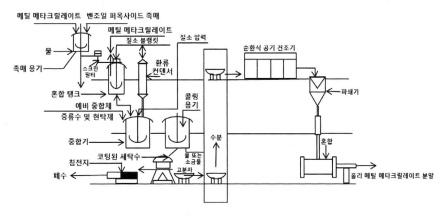

그림 9.3 메틸메타크릴레이트의 현탁 중합을 위한 플로우 시트

현탁 중합반응의 단량체는 현탁 시스템에서 분산되기 위해 단량체는 반응 매질과 혼합되지 않아야 하는데 경우에 따라 예비중합체(prepolymer)를 사용하여 용해도를 감소시키거나 단량체의 입자 크기를 증가시킨다. 개시제

는 주로 퍼옥사이드 유형이 사용되며 아조화합물, 이온화합물도 이용된다. 예로는 벤조일, 다이아세탈, 라우릴, t-부틸-퍼옥사이드, AIBN; Al-, Sb-알킬 등이 있다. 현탁제(suspension agent)는 상대적으로 소량(0.01~0.5% 단량체 중량)이 사용되지만 생성물의 균일함을 위해 매우 중요하다. 즉, 열역학적으로 불안정한 액적(droplet)이 형성되어 서로 응집되지 않고 고체 수지(solid resin)가 얻어질 때까지 계속 유지되도록 한다. 계면활성제(지방산)[surfactants (fatty acid)], Na_2CO_3, 티타늄 옥사이드, 알루미늄 옥사이드와 같은 무기염 (inorganic salt)은 물과 단량체 액적(droplet) 간의 표면장력을 감소시켜 계면의 안정성을 향상시킨다.

젤라틴, 메틸셀룰로오스, 전분, 껌 등과 같은 수용성 고분자는 현탁 수성 매질의 점도를 증가시키고 보호 코팅으로 작용한다.

현탁 고분자 반응기는 반응기에 사용되는 교반기의 형태는 패들(paddle), 앵커(anchor) 형태가 주로 사용되고 20~60rpm의 속도로 회전시킨다. 반응기 제작 시 고려해야 할 가장 중요한 점은 발생하는 상당한 반응열을 제거할 수 있는 온도 제어 능력이다. 반응기 크기를 변화시킬 경우 열 전달 표면을 고려하여 열 전달 영역의 변화를 감안하여야 한다.

현탁 중합 방법의 장점은 다음과 같다. 열 교환 매질로 물을 사용하므로 유기용매를 사용하는 용액 중합에 비해 보다 경제적이며 중합열의 제거가 용이해 온도 제어가 상대적으로 쉽다. 생성 고분자의 분리가 에멀전이나 용액 중합반응보다 용이하고 순도를 높여 질 좋은 생성물을 얻기에 유리하다. 현탁 중합반응은 일반적인 열경화성 수지 제조에 이용되고 있다. 예를 들어 스티렌, MMA, 염화비닐, 바이닐 아세테이트, 에틸렌, 프로필렌과 같은 기체상의 단량체가 있다.

2.3.2 에멀전 중합반응(emulsion polymerization)

축합 고분자보다 부가 반응에 의한 고분자 형성 방법으로 주로 사용되며 자유 라디칼 개시제가 쓰인다. 구성요소는 다음과 같다. 단량체는 스티렌,

아크릴레이트, 메타아크릴레이트, 염화비닐 등 물에 대한 용해도가 극히 낮으며, 분산 매질은(dispersing medium) 일반적으로 물이 사용된다. 유화제(emulsifying agent), 수용성 개시제이다. 반응기는 아크릴 중합체 에멀전에 사용되는 유리 반응기와 스테인레스 스틸 반응기는 폴리바이닐 아세테이트 반응에 사용된다. 부타디엔-스티렌 공중합과 폴리바이닐클로라이드는 두 가지 반응기 모두 사용 가능하다.

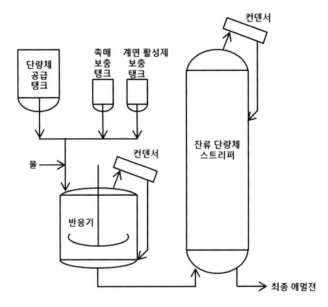

그림 9.4 일반적인 유화 중합공정의 플로우 시트

2.3.2.1 구성 성분의 분배

유화제로는 지방산 비누와 같은 나트륨 스테아레이트(구조 1)가 사용된다.

$$\left[CH_3(CH_2)_{16} \overset{\overset{\displaystyle O}{\|}}{C} - O^- \right] Na^+ \qquad \text{(구조 1)}$$

소량이 물에 첨가되면 비누상태 음이온의 경우 친수성기와 소수성기를 동시에 가지고 있으므로 용해가 낮은 단량체를 향해 소수성기가 배향되어 단량체는 일종의 (-)전하의 보호막으로 둘러싸이는 효과를 보인다. 따라서, 열역학적으로 불안정한 에멀전 입자들이 표면장력의 감소와 상호 (-)전하 간의 반발력으로 안정하게 유지된다. 단량체가 물에서 유화제에 의해 안정화되면 3가지 상이 존재한다.

수용액 상은 소량의 용해된 단량체를 포함한다. 1um 직경의 유화된 단량체 액적과 X선 및 광 산란 측정으로 확인된 단량체-팽윤 마이셀이 있다.

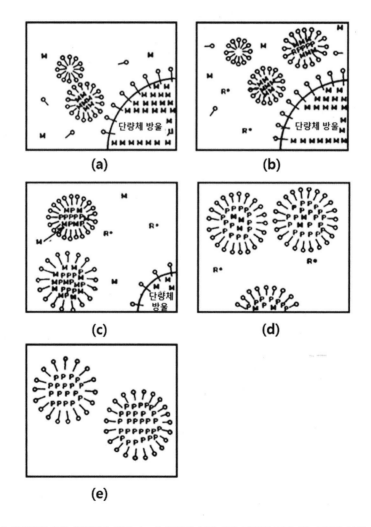

그림 9.5 이상적인 유화 중합단계 표현. (o—) 유화제 분자; (M) 단량체 분자; (P) 고분자 분자; (R) 자유 라디칼. (a) 개시 전; (b) 중합단계 1: 개시 직후; (c) 중합단계 2: 모든 유화제 마이셀 소비; (d) 중합단계 3: 단량체 방울 소멸; (e) 중합 종결

2.3.2.2 중합반응의 궤적 및 진행

$KS_2O_8^-$와 같은 개시제가 반응계에 첨가되면 열분해에 의해 설파이트 라디칼 음이온(sulfate radical anion)이 생성된다.

$$S_2O_8^- \xrightarrow{\text{heat}} 2SO_4^- \bullet \qquad \text{(구조 2)}$$

$$SO_4^- + (n+1)M \xrightarrow[50-60]{} -SO_4-(CH_2-CX_2)n-CH_2-CX_2\bullet \qquad \text{(구조 3)}$$

에멀전 중합은 앞서 언급된 세 가지 상에서 일어날 수 있을 것으로 여겨지지만 수용액상에서의 중합은 단량체의 낮은 용해도 때문에 전체 중합량에 비해 매우 적은 양일 것으로 추측되며 단량체 액적은 개시제(SO_4^{2-})와 동일한 전하를 띠므로 개시제가 침투하여 반응을 일으키기에 용이하지 않기 때문이다. 따라서 에멀전 중합반응은 다음의 두 가지 이유로 마이셀에서 거의 일어나는 것으로 볼 수 있다. 마이셀은 단량체 액적에 비해 직경이 작아 전체 부피는 작지만 표면적이 상당히 크다. 마이셀의 농도는 단량체 액적에 비해 훨씬 높다. (10^{18} vs 10^{10})에멀전 중합은 3단계로 이뤄진다. 단계 1은 초기 존재하는 마이셀 내부의 단량체로부터 중합이 시작되고 새로운 단량체가 수용액상과 단량체 액적으로부터 차례로 보충되어 중합이 계속 진행된다. 단계 2는 단량체 액적의 단량체가 일정하게 단량체-팽윤 고분자 입자로 확산되면서 일정한 수의 고분자 입자의 성장반응이 계속 진행되며 고분자 입자의 크기는 증가하고 단량체 액적의 크기는 반대로 감소한다. 단계 3은 단량체 액적의 완전소멸로 단량체의 공급이 중단되고 중합 속도가 감소한다.

표 9.3 에멀전 중합의 다양한 단계적 특성

단계	특성
개시 전	소량의 용해된 비누(유화제)와 단량체를 포함하는 분산 매체, 보통 물이다. 각각의 크기가 약 10000 Å 인 단량체 액적은 친수성 말단이 수용액상과 마주하는 유화제 분자의 코팅에 의한 안정화로 인해 분리된다. 단량체 액적의 농도는 ml당 $10^{10} \sim 10^{11}$ 이다. CMC 너머의 유화제 50~100 정도의 분자는 구형의 마이셀을 형성하며 크기는 40~50 Å 이다; 일부 마이셀은 단량체에 의해 부풀어 오르고 크기는 50~100 Å 이다; 마이셀 농도는 ml당 약 10^{18} 이다. 유화제 농도로 인한 낮은 표면장력을 가진다.
단계1 (12~20% 전환)	초기 마이셀의 약 0.1% 농도가 중합반응에 의해 개시된다. 활성 마이셀 내의 단량체가 소모되어 수용액상으로부터 단량체가 확산되고, 이어서 단량체 액적으로부터 단량체가 보충됨에 따라 마이셀은 인접한 비활성 마이셀 및 유화 단량체 액적의 흡수된 비누 분자에 의해 안정화된 부풀어 오른 입자를 형성한다. 비활성 마이셀의 소멸 및 표면장력의 증가로 이 단계는 종결된다; 단량체 액적의 유착을 방지하기 위해서는 교반이 필요하다.
단계2 (25~50% 전환)	낮은 농도의 용해된 단량체 분자. 용해된 유화제 또는 유화제 마이셀 없음. 중합은 단량체 액적에서 단량체의 확산을 통해 단량체가 팽창한 중합체 (라텍스) 입자에서만 발생한다. 단량체 액적의 크기가 감소하면서 고분자 입자가 성장한다. 새로운 입자 핵생성 없거나(즉, 라텍스 입자의 수가 일정하다) 입자 내의 단량체 농도가 일정하기 때문에, 중합 속도는 일정하다. 단량체 액적의 소멸로 이 단계는 종결된다.
단계3 (50~80% 전환)	용해된 단량체, 용해된 유화제, 유화제 마이셀, 단량체 액적 또는 단량체 팽윤 마이셀 없음. 단량체 액적이 소멸되었으므로 단량체 저장소(즉, 단량체 액적)로부터 단량체 공급이 소진되어 라텍스 입자의 단량체가 고갈되면, 중합 속도가 떨어진다. 중합 종료 시, (즉, 100% 전환) 시스템은 중합체 입자, 즉 수성 상에 분산된 400~800 Å 를 포함한다.

2.3.3 침전 중합반응(precipitation polymerization)

단량체는 용매에 녹으나 생성고분자는 녹지 않는 용액 시스템으로 올레핀의 배위 중합에 대해 가장 중요한 프로세스이다.

합성은 50atm 이하의 압력과 100도 아래의 온도에서 이루어지며 생성 고분자는 액체 탄화 수소 용매에 미세분말로 침전되어 슬러리를 이룬다. 생성 고분자는 용매 제거, 촉매 수세 등의 과정을 거쳐 얻어지고 첨가제나 안정제를 섞어 입자화할 수 있는데 고분자의 현탁 형성과정에서 교반기나 반응기의 기벽에 침전물이 누적되는 문제점이 일어날 확률이 있다.

2.3.4 계면 중합 및 용액 중합반응(interfacial and solution polymerizations)

계면 중합반응은 비상용성인 두 가지 액체상이 사용되고 이들의 계면에서 반응이 일어나는데 수용액상에는 보통 물이 쓰이며 다이아민, 다이올 또는 다른 활성 수소 화합물과 NaOH와 같은 염기를 포함한다. 한편, 유기상은 산염화물를 포함한다.

표 9.4 일반적인 계면/용액 축합반응

활성 수소 화합물	염화 산	생성물	
$-NH_2$	$-\overset{\overset{\textstyle O}{\|}}{C}-Cl$	$-\overset{\overset{\textstyle O}{\|}}{C}-\overset{H}{N}-$	Polyamide
$-NH_2$	$-\overset{\overset{\textstyle O}{\|}}{C}-Cl$	$-\overset{H}{N}-\overset{\overset{\textstyle O}{\|}}{C}-\overset{H}{N}-$	Polyurea
$-NH_2$	$Cl-\overset{\overset{\textstyle O}{\|}}{C}-O-$	$-\overset{H}{N}-\overset{\overset{\textstyle O}{\|}}{C}-O-$	Polyurethane
$-OH$	$Cl-\overset{\overset{\textstyle O}{\|}}{C}-$	$-O-\overset{\overset{\textstyle O}{\|}}{C}-$	Polyester
$-OH$	$Cl-\overset{\overset{\textstyle O}{\|}}{C}-Cl$	$-O-\overset{\overset{\textstyle O}{\|}}{C}-O-$	Polycarbonate

$$-\overset{\overset{\textstyle O}{\|}}{C}-Cl + -NH_2 \xrightarrow{\text{base}} -\overset{\overset{\textstyle O}{\|}}{C}-\overset{H}{N}- + -HCl \qquad \text{(구조 4)}$$

이 형태의 중합은 낮은 반응온도에서 중합이 진행되므로 축합 중합과 달리 비가역 반응이며 반응 속도는 계면에서의 단량체 확산속도에 의해 좌우된다. 폴리아미드 섬유의 생산에 중요하게 이용되고 있으며 울의 내수축성을 가져왔다.

표 9.5 중합 종류의 특징, 이점과 단점

중합 과정	특성	이점	단점
벌크 반응	사슬 중합반응의 필수적 요소는 단량체와 개시제로 구성된다. 단량체는 중합체의 용매로 작용한다.	최소한의 첨가물로 인해 상대적으로 순수하고 높은 수득률의 반응물을 얻을 수 있다.	중합반응의 발열 특성(특히 사슬 반응 중합)으로 시스템의 온도제어가 어렵다. 그렇기 때문에 넓은 분자량 분포를 갖는다. 미반응 단량체 제거 어려움.
용액 반응	단량체와 혼합된 용매를 사용, 용매는 고분자도 녹인다.	열 전달 효율이 크게 향상되어 공정 제어가 용이하다. 생성된 중합체 용액은 직접 사용할 수 있다.	용매의 이동 가능성을 피하기 위해 불활성 용매를 선택함이 필요함. 반응용기당 반응속도 감소로 인해 평균 사슬길이 감소. 완전한 용매 제거 어려워, 순수한 중합체 생산이 적합하지 않다.
현탁 반응	물에 용해되지 않는 단량체와 중합체와 단량체에 용해되는 개시제로 구성	열 제거 및 온도 제어가 비교적 쉽다. 중합체는 쉽게 수득이 가능하며 현탁액 상태 그대로 사용이 가능.	액적의 안정성을 유지하기 위해 교반 조건을 설정해야 한다. 입자 표면에 안정제가 흡착되어 중합체가 오염이 될 수 있다. 현탁반응 시스템 지속의 어려움.
에멀전 반응	물에 용해되지 않는 단량체와, 중합체와 물에 용해되는 개시제, 그리고 반응 초기 시스템 안정화를 위한 유화제로 구성	시스템의 물리적 상태는 높은 중합 속도 및 높은 평균 사슬 길이를 얻을 수 있다. 좁은 분자량 분포 라텍스, 즉 유화 상태에서 직접 사용이 가능하다.	중합 시스템상 순수한 중합체를 얻기 어렵다. 고형 중합체 생성물을 요구하는 경우 공정이 어려워진다. 물의 존재로 인해 수득률이 낮다.
침전 중합	침전제의 용해되는 단량체와, 단량체에 용해되지 않는 중합체로 구성.	비교적 저온에서 가능. 시스템의 물리적 상태를 쉽게 조절할 수 있다.	중합체 분리가 어렵고 고비용. 촉매 시스템일 경우 공정 조절이 어려우며 촉매 종류에 따라 분자량 분포가 다름.
계면 중합	2개의 비혼화성 용매, 일반적으로 물과 유기용매 계면에서 진행	중합이 빠르며 저온에서도 일어난다. 고분자량을 얻기 위해서는 높은 수득률이 필요하지는 않다. 중합전 계량이 필요하지 않다.	높은 반응성 시스템에만 제한되어 반응물을 용해시키기 위한 적절한 용매 선택이 필요하다.

3. 중합반응이기

중합반응 자체의 특성뿐만 아니라 반응기 역시 생성고분자의 궁극적 특성, 예를 들어 분자 구조, 분자량, 분자량 분포, 공중합체 조성 등에 영향을 미친다. 반응기에 필요한 기능은 중합열 제거와 온도조절 능력, 반응물의 균일성 유지, 대량 생산에 적합하고 작동이 경제성이다.

3.1 배치 반응기(Batch reactors)

간단하며 여타 복잡한 장비가 필요 없고, 소규모 생산에 적합하며, 조성이 시간에 따라 변하며 비정상 상태 조작의 배치 반응기의 경우 일반 물질 수지

| 반응기로
유입되는
단량체의 속도 | = | 반응기에서
유출되는
단량체의 속도 | + | 반응기 내의
반응으로 인한
단량체 손실
속도 | + | 반응기 내의
단량체
축적 속도 | (식 9.1) |

(식 9.2)

반응기 내의 반응으로 인한 단량체 손실속도=반응기 내의 단량체 축적 속도

배치 반응기의 경우. 식 (9.1)의 첫 번째 두 항은 정의에 의해 반응기 안팎으로 아무것도 흐르지 않기 때문에 0과 같다. 결과적으로, 방정식은

$$-\frac{dM}{dt} = R_p \qquad \text{(식 9.3)}$$

$$\int_0^t dt = -\int_{[M_0]}^{[M]} \frac{dM}{R_p} \qquad \text{(식 9.4)}$$

만약 f는 단량체 농도에 무관하고 개시제 농도가 일정하면, Rp는 단량체 농도의 1차 반응식으로,

$$R_p = k[M] \qquad \text{(식 9.5)}$$

여기서,

$$k = k_p (fk_d/k_t)^{1/2}[I]^{1/2}$$

식 (9.5)를 식 (9.4)에 대입하면,

$$\int_0^t dt = -\int_{[M_0]}^{[M]} \frac{dM}{kM} \qquad \text{(식 9.6)}$$

이 방정식을 적분하면,

$$\ln \frac{[M]}{[M_0]} = -kt \tag{식 9.7}$$

$$[M] = [M_0]e^{-kt} \tag{식 9.8}$$

$$전환율 = 100\frac{[M_0]-[M]}{[M_0]} = 100\left(1 - e^{-kt}\right) \tag{식 9.9}$$

최적의 혼합이 일정 농도와 일정 온도 유지를 위해 중요하다. 하지만 벌크 중합반응의 경우, 반응시간에 따라 점도, 반응물의 밀도가 변하므로 혼합 효율 역시 변하게 되는 문제가 있다. 또한, 개시제의 농도는 일정한 것이 아니라 실제 몇 %의 전환율 이상에서 다음의 표현이 더 정확한 표현으로 보인다.

$$[I] = [I_0]e^{-k_dt} \tag{식 9.10}$$

사슬 성장 rx의 경우 전환율의 증가에 따른 점도의 큰 폭 상승으로 벌크 중합반응에서 온도 조절이 큰 문제이다. 배치 반응기에서 중합열 제거 방법은 다음과 같다. 자켓으로의 열전달, 내부 냉각 루프는 점도가 낮은 물질에 가능하고 부적절한 혼합으로 생성물의 질적 저하가 발생할 소지가 있다. 환류 응축기, 외부 열교환기는 점도가 낮고 안정적인 물질일 때 가능하다. 이 경우 연속적인 교반이 계속 이루어져야 하는 현탁 중합반응에서는 응집발생 가능성으로 인해 사용 불가능하다.

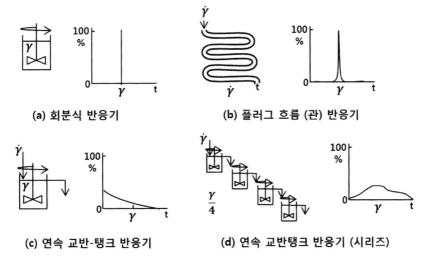

(a) 회분식 반응기

(b) 플러그 흐름 (관) 반응기

(c) 연속 교반-탱크 반응기

(d) 연속 교반탱크 반응기 (시리즈)

그림 9.6 이상적인 반응기 및 잔류 시간 분포

3.2 관형(플러그 흐름) 반응기

길이/직경 비율이 매우 높은 흔들림 없는 튜브 용기를 이용한다. 일반적으로 관형 반응기는 표면 대 부피의 비가 좋아 열 전달 효율을 높일 수 있는 장점이 있다. 하지만, 기벽에서 튜브의 내부로 갈수록 반응물의 온도가 증가하므로 넓은 분자량 분포가 발생할 소지가 있으며 기벽에 생성된 느리게 움직이는 고분자 층의 증가로 인해, 생산 능력(production capacity)의 감소와 열 전달의 효율 감소가 계속해서 증가할 수 있는 단점이 있다.

표 9.6 중합반응, 과정 및 고분자 물질

반응기	중합반응	중합 공정	예시
배치 반응기	자유라디칼	용액	아크릴 레이트와 메타크릴레이트의 중합 및 공중합에 의한 페인트 수지 메탄올에 비닐 아세테이트를 첨가한 후 알코올리시스를 통한 폴리비닐 알콜 디메틸포름아미드에 폴리아크릴로니트릴을 방사한 용액
		침전	물에 아크릴로니트릴 첨가 메탄올에서 스티렌과 아크릴로니트릴의 공비 공중합
		현탁 (비드)	폴리비닐클로라이드 발포폴리스티렌 폴리메틸메타크릴레이트 폴리비닐아세테이트
		에멀전	수용성 페인트 폴리비닐아세테이트
	이온	용액	부타디엔 이소프렌 에틸린 또는 프로필렌의 공중합 부타디엔–스티렌 또는 스티렌–부타디엔–스티렌 같은 블락 공중합체 폴리우레탄 제조에 사용되는 다가 알코올과 산화 에틸렌 또는 산화 프로필렌의 반응으로부터 제조되는 폴리에테르폴리올 블록 공중 합체 ε –카프로락탐의 중합
		침전	폴리에틸렌–프로필렌의 공중합체
	축합	용액	포름알데히드 수지(UF, MF, PF) 나일론 6,6 폴리우레탄
		계면	내열성 방향족 폴리아미드 및 폴리이미드
플러그 흐름 반응기	자유라디칼	용액	에틸렌을 고압력에서 중합하여 LDPE를 얻는다.
	이온	침전	액상 에틸렌을 BF_3 촉매를 이용해 이소부텐 중합 촉매로서 BF_3 에테레이트와 트리옥산을 중합하여 폴리옥시메틸렌을 제조
	축합	용액	폴리우레탄 발포체 블록의 연속 제조 마지막 단계인 압출반응기에서 나일론 6,6 생산
CSTR	자유라디칼	용액	아크릴산 아크릴로니트릴의 비닐 아세테이트 에스테르
		침전	아크릴로니트릴
		에멀전	비닐 클로라이드의 중합 폴리아크릴레이트 및 폴리메타크릴레이트 부타디엔, 이소프릴 및 공중합체
		침전	이소부텐–이소프렌와 슬러리 $AlCl_3$(개시제), 메틸클로라이트(희석제)의 양이온 공중합체 전이 메틸촉매 및 과량의 단량체(희석제) 존재하에 프로필렌의 $AlCl_3$ 슬러리 중합 유동상 원자로는 상 중합단계에 사용된다; 분말 고분자는 기체 모노머와 낮은 압력상태에서 에틸렌(HDPE) 및 프로필렌으로 중합된다.

고분자 용액

제10장

1. 용해도 계수(응집 에너지 밀도)

열역학적으로 고려할 때, 아래의 식을 이용해 용질이 용매에 용해되는 것을 예상할 수 있다.

$$\Delta G_m = \Delta H_m - T\Delta S_m$$

ΔG: 혼합 자유 에너지

ΔH_m: 혼합 열량

ΔS_m: 혼합 엔트로피

만일 ΔG가 음수일 경우, 용해가 일어난다.

용해도 계수는 E(분자 간 흡착 계수), 혼합물의 구조적 배합으로부터 아래 식을 이용하여 계산하면 추정할 수 있다.

$$\delta_2 = \rho \Sigma E / M$$

ρ : 고분자 반복 단위 밀도

M: 고분자 반복 단위 분자량

표 10.1 몰 흡인 상수, E(cal cm³)/mol

Group	E	Group	E
–CH₃	148	NH₂	226.5
–CH₂–	131.5	–NH–	180
〉CH–	86	–N–	61
〉C〈	32	C≡N	354.5
CH₂=	126.5	NCO	358.5
–CH=	121.5	–S–	209.5
〉C=	84.5	Cl₂	342.5
–CH=aromatic	117	Cl primary	205
–C=aromatic	98	Cl secondary	208
–O– ether, acetal	115	Cl aromatic	161
–O– epoxide	176	F	41
–COO–	326.5	Conjugation	23
〉C–O	263	cis	–7
–CHO	293	trans	–13.5
(CO)₂O	567	six–membered ring	–23.5
–OH–	226	ortho	9.5
OH aromatic	171	meta	6.5
–H acidic dimer	–50.5	para	40

고분자	반복 단위	M	ρ	ΣE	δ
a. LDPE	——CH₂——CH₂——	28	0.92		8.6
b. HDPE	——CH₂——CH₂——	28	0.95		8.9
c. PP	——CH₂——CH—— \ CH₃	42	0.90		7.8
d. PS	——CH₂——CH——	104	1.04		9.0

표 10.2 용해도 파라미터 수치

A. 비극성 용매

구조명	δ (H)	구조명	δ (H)
Acetic acid nitrile(acetonitrile)	11.9	Benzene, isopropyl(cumene)	8.5
Anthracene	9.9	Benzene, l–isopropyl–4–methyl(p–cymene)	8.2
Benzene	9.2	Benzene, nitro	10.0
Benzene, chloro	9.5	Benzene, propyl	8.6
Benzene,1,2–dichloro	10.0	Benzene, 1,3,5–trimethyl (mesitylene)	8.8
Benzene, ethyl	8.8	Benzoic acid nitrile(benzonitrile)	8.4
Biphenyl, perchloro	8.8	Hexene–1	7.4
1,3–Butadiene	7.1	Malonic acid dinitrile (malononrtrile)	15.1
1,3–Butadiene, 2–methyl (isoprene)	7.4	Methane	5.4
Butane	6.8	Methane, bromo	9.6
Butanoic acid nitrile	10.5	Methane, dichloro (methylene chloride)	9.7
Carbon disulfide	10.0	Methane, dichloro–difluoro (Freon 12[®])	5.5
Carbon tetrachloride	8.6	Methane, dichloro, manofluoro (Freon 21[®])	8.3
Chloroform	9.3	Methane, nitro	12.7
Cyclohexane	8.2	Methane, tetrachloro–difluoro (Freon 112[®])	7.8
Cyclohexane, methyl	7.8	Methane, trichloro–monofluoro(Freon 11[®])	7.6
Cyclohexane, perfluoro	6.0	Naphthalene	9.9
Cyclopentane	8.7	Nonane	7.8
Decalin	8.8	Octane	7.6
Decane	8.0	Pentane	7.0
Dimethyl sulfide	9.4	Pentane, 1–bromo	7.6
Ethane	6.0	Pentane, 1–chloro	8.3
Ethane, bromo (ethyl bromide)	9.6	Pentanoic acid, nitrile (valeronitrile)	9.6
Ethane, chloro (ethyl chloride)	9.2	Pentene–1	6.9
Ethane, 1,2–dibromo	10.4	Phenanthrene	9.8
Ethane, 1,1–dichloro (ethylidene chloride)	8.9	Propane	6.4
Ethane, difluoro–tetrachloro (Freon 112[®])	7.8	Propane, 1–bromo	8.9
Ethane, nitro	11.1	Propane, 2,2–dimethyl (neopentane)	6.3
Ethane, pentachloro	9.4	Propane, 1–nitro	16.3
Ethane, 1,1,2,2–tetrachloro	9.7	Propane–2–nitro	9.9
Ethanethiol (ethyl mercaptan)	9.2	Propene(propylene)	6.5
Ethane, 1,1,2–trichloro	9.6	Propene, 2–methyl (isobutylene)	6.7
Ethane trichloro–trifluoro (Freon 113[®])	7.3	Propenoic acid nitrile (acrylonitrile)	10.5
Ethene, (ethylene)	6.1	Propionic acid nitrile	10.8
Ethene, tetrachloro (perchlorocthylene)	9.3	Styrene	9.3
Ethene, trichloro	9.2	Terphenyl, hydrogenated	9.0
Heptane	7.4	Tetralin	9.5
Heptane, perfluoro	5.8	Toluene	8.9
Hexane	7.3	Xylene, m–	8.8

B. 온화한 극성 용매

Acetic acid, butyl ester	8.5	Ethylene glycol, monomethyl	11.4
Acetic acid, ethyl ester	9.1	ether(methyl Cellosolve)	
Acetic acid, methyl ester	9.6	Formic acid amide, N,N–diethyl	10.6
Acetic acid, pentyl ester	8.0	Formic acid amide, N,N–dimethyl	12.1
Acetic acid, propyl ester	8.8	Formic acid, ethyl ester	9.4
Acetic acid amide, N,N–diethyl	9.9	Formic acid, methyl ester	10.2
Acetic acid amide, N,N–dimethyl	10.8	Formic acid, 2–methylbutyl ester	8.0
Acrylic acid, butyl ester	8.4	Formic acid, propyl ester	9.2
Acrylic acid, ethyl ester	8.6	Furan	9.4
Acrylic acid, methyl ester	8.9	Furan, tetrahydro	9.1
Adipic acid, dioctyl ester	8.7	Furfural	11.2
Aniline, N,N–dimethyl	9.7	2–Heptanone	8.5
Benzene, 1–methoxy–4–propenyl (anethole)	8.4	Hexanoic acid, 6–aminolactam (e–caprolactam)	12.7
Benzoic acid, ethyl ester	8.2	Hexanoic acid, 6–hydroxylactone	10.1
Benzoic acid, methyl ester	10.5	(caprolactone)	
Butanal	9.0	Isophorone	9.1
Butane, 1–iodo	8.6	Lactic acid, butyl ester	9.4
Butanoic acid, 4–hydroxylactone	12.6	Lactic acid, ethyl ester	10.0
(butvrolactone)		Methacrylic acid, butyl ester	8.3
2–Butanone	9–3	Methacryllc acid, ethyl ester	8.5
Carbonic acid, diethyl ester	8.8	Methacrylic acid, methyl ester	8.8
Carbonic acid, dimethyl ester	9.9	Oxalic acid, diethyl ester	8.6
Cyclohexanone	9.9	Oxalic acid, dimethyl ester	I1.0
Cyclopentanone	10.4	Oxirane(ethylene oxide)	11.1
2–Decanone	7.8	Pentane, 1–iodo	8.4
Diethylene glycol, monobutyl	9.5	2–Pentanone	8.7
ether(butyl carbitol)			
Diethylene glycol, monoethyl	10.2	Pentanone–2,4–hydroxy, 4–	9.2
ether(ethyl carbitol)		methyl(diacetone alcohol)	
		Pentanone–2,4–methyt (mesityl oxide)	9.0
Dimethyl sulfoxide	12.0	Phosphoric acid, triphenyl ester	8.6
1,4–Dioxane	10.0	Phosphoric acid, tri–2–tolyl ester	8.4
Ethene, chloro(vinyl chloride)	7.8	Phthalic acid, dibutyl ester	9.3
Ether, 1,1–dichloroethyl	10.0	Phthalic acid, diethyl ester	10.0
EtheT, diethyl	7.4	Phthalic acid, dihexyl ester	8.9
Ether, dimethyl	8.8	Phthalic acid, dimethyl ester	10.7
Ether, dipropyl	7.8	Phthalic acid, di–2–methylnonyl ester	7.2
Ethylene glycol, monobutyl ether	9.5	Phthalic acid dioctyl ester	7.9
(butyl Cellosolve®)		Phthalic acid, dipentyl ester	9.1
Ethylene glycol, monoethyl ether	10.5	Phthalic acid, dipropyl ester	9.7
(ethyl Cellosolve)		Propane, 1,2–epoxy (propylene oxide)	9.2
sebacic acid, dioctyl ester	8.6	propionic acid, ethyl ester	8.4
stearic acid, butyl ester	7.5	propionic acid, methyl ester	8.9
sulfone, diethyl	12.4	4–pyrone	13.4
sulfone, dimethyl	14.5	2–pyrrolidone, 1–methyl	11.3
sulfone, dipropyl	11.3	sebacic acid, dibutyl ester	9.2

Acetic acid	10.1	1-Hexanol	10.7
Acetic acid amide, N-ethyl	12.3	1-Hexanol-2-ethyl	9.5
Acetic acid, dichloro	11.0	Maleic acid anhydride	13.6
Acetic acid, anhydride	10.3	Methacrylic acid	11.2
Acrylic acid	12.0	Methacrylic acid amide, N-Methyl	14.6
Amine, diethyl	8.0	Methanol	14.5
Amine, ethyl	10.0	Methanol, 2-furil (furfuryl alcohol)	12.5
Amine, methyl	11.2	1-Nonanol	8.4
Ammonia	16.3	Pentane, 1-amino	8.7
Aniline	10.3	1,3-Pentanediol, 2-methyl	10.3
1,3-Butanediol	10.9	1-Pentanol	11.6
1,4-Butanediol	10.0	2-Pentanol	12.1
2,3-Butanediol	8.7	Piperidine	11.1
1-Butanol	13.6	2-Piperidone	11.4
2-Butanol	12.6	1,2-Propanediol	10.8
1-Butanol, 2-ethyl	11.9	1-Propanol	10.5
1-Butanol, 2-methyl	11.5	2-Propanol	10.0
Butyric acid	10.5	1-Propanol, 2-methyl	10.5
Cyclohexanol	10.6	2-Propanol, 2-methyl	11.4
Diethylene glycol	11.8	2-Propenol(allyl alcohol)	12.1
1-Dodecanol	9.9	Propionic acid	8.1
Ethanol	10.0	Propionic acid anhydride	12.7
Ethanol, 2-chloro (ethylene chlorohydrin)	12.6	1,2-Propanediol	12.2
Ethylene glycol	10.7	Pyridine	14.6
Formic acid	14.7	2-Pyrrolidone	12.1
Formic acid amide, N-ethyl	10.8	Quinoline	13.9
Formic acid amide, N-methyl	15.4	Succinic acid anhydride	16.1
Glycerol	9.9	Tetraethylene glycol	16.5
2,3-Hexanediol	10.2	Toluene, 3-hydroxy (meta cresol)	10.3
1,3-Hexanediol-2-ethyl	23.4	Water	9.4

2. 용액 점도

유체가 파이프 같은 밀폐된 유로를 따라 흐를 때, 유체는 속도에 따라 두 가지 형태로 생기게 된다. 저속에서는 유체가 측면과의 혼합이 일어나지 않고 인접한 층끼리 미끄러지게 된다. 흐름의 방향에 대해 수직 방향으로 교차하는 흐름은 생기지 않으며 소용돌이 현상은 생기지 않는다. 이러한 영역 또는 흐름의 형태를 층류(laminar flow)라 한다. 그러나 유체의 속도가 빨라지면 측면과 혼합이 일어나 소용돌이가 생기게 되는데 이것을 난류(turbulent flow)라고 부른다.

2.1 뉴턴 법칙의 점도

점도에 관한 설명에서, 유체는 응력(stress=힘/면적), 가해진 응력에 따라 변경이 계속될 것이다. 즉, 흐름이 일어나는데 유체의 속도는 응력이 증가함에 따라 증가하며 유체는 이러한 응력에 대해 저항을 한다. 점도(viscosity)란 유체 내 인접한 층간의 상대적 운동을 저지하는 힘을 일으키는 유체의 성질을 말한다. 이러한 점성력(viscous force)은 유체 내 분자 간 존재하는 힘으로부터 발생하는 것이다.

아래의 그림에서 어떤 유체는 두 개의 무한평판 사이에 있다.

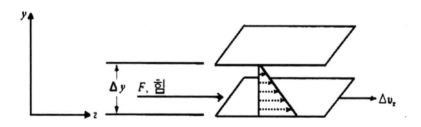

그림 10.1 두 개의 평행 판 사이의 유체 전단

상부판과 평행하게 움직이는 하부판에 일정한 힘 F(Newton)가 작용하기 때문에 상부판보다 상대적으로 일정한 속도만큼 더 빨리 움직인다고 가정하면, 이러한 힘을 점성항력(viscous drag)이라 부르며, 이것은 유체 내 점성력으로부터 기인된다. 양판은 $\Delta y(m)$만큼 떨어져 있고 각 액체층은 z축 방향으로 움직인다. 하부판에 바로 인접한 층은 하부판의 속도로 이동한다. 그 바로 위의 층은 약간 느린 속도로 움직이며 y축 방향으로 올라갈수록 각 층은 점점 더 느린 속도로 움직일 것이다. 이러한 속도 프로필은 y축 방향에 대하여 선형적이다.

많은 유체에 대한 실험에 의하면 힘 F(Newton)는 Δv_z(m/s)와 사용된 판의 면적 A(m²)에 비례하고 거리 Δy(m)에 반비례한다. 이것이 뉴턴 법칙의 점도이며 층류(laminar flow)일 때 성립한다.

$$F/A = -\mu(\Delta y_z)/(\Delta y)$$

μ : 비례상수로서 유체의 점도

Δy를 0에 가깝도록 하여 도함수의 정리를 이용하면 아래와 같은 식이 성립된다.

$$\tau_{yz} = -\mu(dy_z)/dy$$

$\tau_{yz=}$F/A 전단응력(shear stress)

이러한 뉴턴 법칙의 점도와 같은 움직임을 갖는 유체를 뉴턴 유체라 한다.

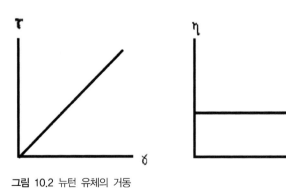

그림 10.2 뉴턴 유체의 거동

어떤 유체가 위의 식을 따르지 않을 경우 비뉴턴 유체라고 한다. 비뉴턴 유체에서는 변형 속도가 변화할 때 응력은 같은 비율로 변화하지 않으며 점도는 변형 속도에 대해 독립적이지 않다. 아래에서는 3종류의 비뉴턴 유체의 거동을 보여주고 있다.

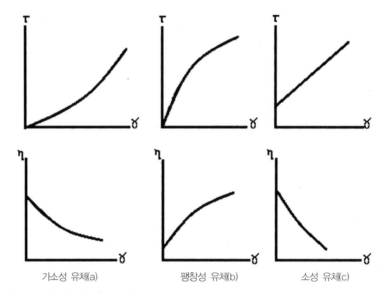

가소성 유체(a)   팽창성 유체(b)   소성 유체(c)

그림 10.3 비뉴턴 유체 거동의 몇가지 예

- 가소성 유체(Pseudoplastic): 변형 속도가 증가할 때 점도는 감소
- 팽창성 유체(Dilatant): 변형 속도가 증가할 때 점도는 증가
- 소성(Plastic) 유체: 흐름을 야기하기 위한 응력이 필요

어떤 유체는 화학적 반응 없이, 시간에 대해 점도가 변화하는 것을 볼 수 있다. 이러한 행동을 보이는 것을 틱소트로피(thixotropy) 거동과 레오퍼시(rheopexy) 거동으로 나눌 수 있다.

- 틱소트로피 거동: 일정한 전단속도에서 전단응력이 시간에 따라 가역적으로 감소

· 레오퍼시 거동: 일정한 전단속도에서 전단응력이 시간에 따라 가역적으로 증가(이러한 유체는 상당히 드물다).

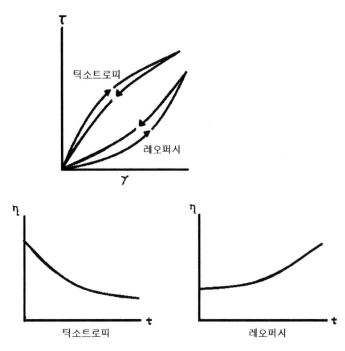

그림 10.4 일정한 변형 속도하에서 시간에 따른 점도 변화

아래에서는 뉴턴과 비뉴턴 유체의 예를 보여주고 있다.

표 10.3 뉴턴 및 비뉴턴 유체의 예

점도 타입	예
뉴토니안	모든 가스, 물, 얇은 모터 오일
바-뉴토니안	
가소성	페인트, 유화액, 분산액
딜러턴트	점토, 슬러리, 사탕 화합물와 같은 고형 응집체 고형물을 함유하는 유체
	옥수수 전분물, 모래/물 혼합물
플라스틱	토마토 케첩
틱소트로피	그리스, 무거운 인쇄 잉크, 페인트
레오퍼시	거의 없음

2.2 분자 크기와 고유점도

아래의 마크 호윙크(Mark-Houwink) 공식으로 분자량에 따른 고유점도를
예측할 수 있다.

$$[\eta] = KM^2$$

표 10.4 고유 점도-분자량 관계, $[\eta]$=KMª

고분자	용매	온도(℃)	몰-중량 범위x10^{-4}	Kx10^3(ml/g)	η
Polybutadiene	Cyclohexane	40	4~17	28.2	0.70
	Benzene	30	5~50	33.7	0.715
	Toluene	30	5~16	29.4	0.753
Natural rubber	Benzene	30	8~28	18.5	0.74
	Toluene	25	7~100	50.2	0.667
Polyethylene					
Low pressure	Dccalin	135	3~100	67.7	0.67
High pressure	Decalin	70	0.2~3.5	38.73	0.738
Polyisobutylenc	Benzene	25	0.05~126	83.0	0.63
	Cyclohexane	25	14~34	40.0	0.72
	Diisobutylene	25	0.4~2.5	130.0	0.50
	Toluene	25	14~34	87.0	0.56
Polypropylene(atactic)	Decalin	135	2~39	15.8	0.77
	Benzene	25	6~31	27.0	0.71
	Cyclohexane	25	6~31	16.0	0.80
Polypropylene(isotactic)	Decalin	135	2~62	11.0	0.80
Poly(methyl methacrylate)	Acetone	25	2~780	5.3	0.73
	Benzene	25	2~740	5.5	0.76
	Chloroform	25	40~330	3.4	0.83
Polystyrene(atactic)	Benzene	20	0.6~520	12.3	0.72
	Cyclohexane	34.5	14~200	84.6	0.50
Polystyrene(isotactic)	Benzene	30	4~37	10.6	0.735
	Toluene	30	15~71	9.3	0.72
	Chloroform	30	9~32	25.9	0.734

고분자의 기계적 특성

제11장

1. 소개

최종 제품의 목적에 따라 기계적 특성을 충분히 고려한 후 재료를 선택해야 하며 전기적, 광학적, 열적 특성이 선택의 중요 기준이 되는 경우에도 제품의 안정성과 내구성을 위해 기계적 성질은 어느 수준 만족되어야 한다.

고분자의 기계적 거동은 미세 구조 형태와 매우 밀접한 관계를 가지는데 형태 그 자체는 여러 구조적, 환경적 요인에 좌우된다. 또한 고분자의 특성은 시간과 온도에 민감하게 좌우되는데 이것은 고분자의 점탄성 성질 때문이다.

2. 기계적 시험

고분자 물질이 기능 수행 중 발생하는 문제는 크게 3가지로 분류한다.

1) 탄성 변형: 강성도와 연관이 있으며 구조적 변형을 통해 조절한다.

2) 소성 변형: 항복 강도, 변형률과 관련 있다.

3) 균열:

    3)-1 취성 파괴: 국부적 응력의 축적.

    3)-2 피로현상: 반복적인 응력과 관련 있다.

고분자의 기계적 거동은 다양한 응력 조건에서 나타나며, 특히 온도, 시간, 하중에 대한 고분자 균열의 종류가 다르기 때문에 상대적으로 높은 균열에 대하여 주의해야 한다.

기계적 거동의 한계를 예측하는 것은 최종 제품 목적과 분자구조의 디자인에 있어 매우 중요하며 이를 예측하는 데 다양한 하중 조건에서 행하는 실험 방법들이 있다.

예를 들어 단순 응력 방식, 압축 시험, 전단 시험, 복합 응력 시험 그리고 고분자 시간-온도에 대한 반응 시험 등이 있다.

2.1 응력-변형 실험

일반적으로 가장 광범위하게 사용된 기계적 시험방법이지만 고분자 기계적 거동을 이해하기에는 한계가 있다.

측정은 시편을 일정한 속도로 변형시키며 이때 필요한 응력을 동시에 기록한다.

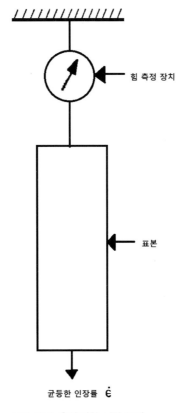

힘 측정 장치

표본

균등한 인장률 $\dot{\epsilon}$

그림 11.1 응력-변형 시험 도식

고분자 재료의 응력-변형 거동은 강성, 취성, 연성한 재료에 대해 다른 결과를 보인다.

2.2 크립(creep) 시험

일정한 하중이 시편(플라스틱 필름 혹은 막대 등)에 일정 시간 가해지며 이와 동시에 시간에 대해 변형을 측정하는데 일반적으로 일정 시간 간격을 두고 신장률을 측정한다.

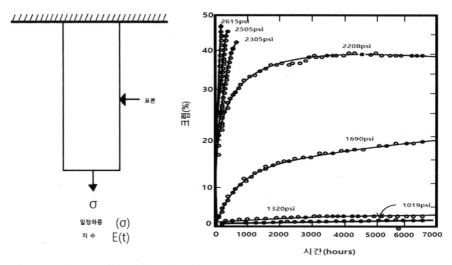

그림 11.2 크립(creep) 시험 도식적 표현 **그림 11.3** 45℃에서의 셀룰로오스 아세테이트의 크립(creep)

크립 테스트 결과는 장시간 정하중(dead load)을 지탱해야 하는 고분자 재료의 선택에 있어 중요한 정보를 제공하며 특히 시간의존적인 모듈러스의 역수인 컴플라이언스가 중요파라미터이다. 이는 일정한 응력(σ)에 대한 시간에 따른 변형률의 비율[$J(t)=\varepsilon$ $(t)/\sigma$]로 정의된다.

2.3 응력 완화 실험

시편을 일정량 재빨리 늘리고 변형 정도가 일정하게 유지되도록 하는 데 필요한 응력을 시간에 따라 기록한다(그림 11.4). 응력의 크기는 시간에 따라 감소하는데 응력의 크기를 일정한 변형 정도로 나눈 비를 응력 완화 $E_t(t,T)$라 한다.

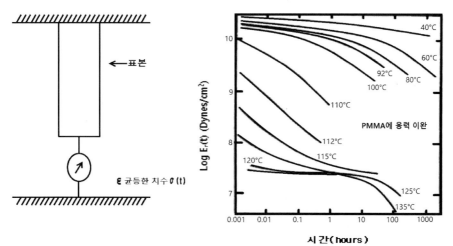

그림 11.4 응력 완화 실험의 도식

그림 11.5 분류되지 않은 폴리메틸메타아크릴레이트에 대한 Log E$_r$(t) vs log t

응력 완화 시험 결과는 고분자의 점탄성 특성에 대한 유용한 정보를 제공한다.

2.4 동적 실험(dynamic mechanical test)

주기적인 응력에 대한 재료의 반응을 측정하는 것으로 여러 형태의 시험 장치가 있다. 일반적으로 사용되는 형태는 비틀림 진자 시험[그림 11.6(A)] 으로서 시편의 한끝을 고정시키고 다른 한끝에 진동이 자유로운 원판을 부착한다. 측정이 시작되면 시편의 전기 제동 특성에 의해 시간에 따라 진동의 진폭은 감소한다[그림 11.6(B)].

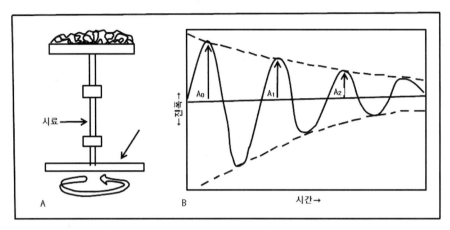

그림 11.6 진자 비틀림 (A)는 진동의 진폭 감소를 보여주는 전형적인 반응 곡선(B)의 데이터를 얻는 데 사용

동적 실험에서 고분자의 점탄성 특성에 대한 정보뿐만 아니라 분자구조가 고분자 성질에 미치는 영향, 유리전이온도, 이차 전이, 고분자 결정의 형태를 연구하는 데 유용한 도구이다.

2.5 충격 시험

급 하중에 대한 저항력을 측정하는 실험법으로 크게 4가지로 나눈다.

1) 고속 인장 시험에서 응력-변형 곡선의 아래 면적을 구하는 방법.
2) 낙하 시험: 정해진 높이에서 이미 알고 있는 무게의 볼을 떨러뜨려 시편을 파단시킬 수 있는 에너지를 측정하는 방법.
3) 아이조드 시험: 1/2x1/2 in. 노치형 캔틸레버 시편(한쪽 끝만 고정)을 진자로 쳐서 시편을 파단시키는 데 필요한 에너지를 측정한다.
4) 샤르피 테스트: 양 끝을 고정시킨 노치형 시편을 헤머형 진자로 쳐 이때 감소된 무게의 운동에너지를 측정하여 시편 파단에 필요한 에너지를 측정하는 방법.

취성 고분자(예, 폴리스티렌)는 낮은 충격 저항을 보이는 반면, 열가소성 고분자(폴리아미드, 폴리카보네이트, 폴리옥시메틸렌)는 높은 충격 강도를 보인다.

3. 고분자의 응력 변형 거동

응력 변형 거동 시험은 양쪽 끝을 고정시킨 시편을 일정한 신장 속도로 잡아당기면서 시간에 따른 응력을 측정한다. 그림 11.7은 전형적인 인장 시험 시편을 보여준다(ASTM D638M). 가운데 부분, Lo는 초기 계량 길이라 하며 파괴가 발생하는 부분이다.

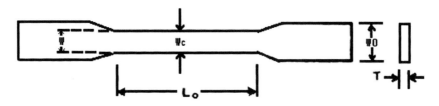

그림 11.7 전형적인 인장 시험

응력은 고정된 끝부분에서 신장률에 대해서 측정되고 실험 결과는 일반적으로 응력과(σ) 변형률(ε)로 표시되는데 각각에 대한 정의는 다음과 같다.

$$\sigma = \frac{F}{A_0}$$

여기서 F=적용된 하중

A$_0$=견본의 본래 절단면

공학적 성질은 이 식에 의해 주어진다.

$$\varepsilon = \frac{L - L_0}{L_0} = \frac{\Delta L}{L_0}$$

여기서 L_0=본래 측정 길이

$\triangle L$=연실률 또는 측정 길이의 변화

L=즉각적인 측정 길이

응력(σ)과 변형률(ε)은 측정하는 데 용이하나 시편의 모양에 따라 응력-변형곡선의 모양이 좌우된다. 따라서 더욱 정확한 진 응력, 변형을 사용하는 것이 바람직하다.

진응력은 측정된 힘(F)에 대한 주어진 신장률에서의 단면적(A)의 비로 구해진다.

$$\sigma_t = \frac{F}{A} \qquad \text{(식 11.1)}$$

그리고 진응력은 모든 순간적 길이 변화를 순간적인 길이 L로 나눈 값의 총합을 의미한다.

$$\varepsilon_t = \int_{L_0}^{L} \frac{dL}{L} = \ln \frac{L}{L_0} \qquad \text{(식 11.2)}$$

응력(σ), 변형률(ε)과 진응력, 변형률 사이의 관계는 다음과 같다.

$$\varepsilon_t = \ln \frac{L}{L_0} = \ln \frac{L_0 + \Delta L}{L_0} = \ln(l + \varepsilon) \qquad \text{(식 11.3)}$$

또한 소성 변형은 일정 부피 과정이고 게이지 길이의 증가는 게이지 직경(gauge diameter)의 감소를 수반하므로

$$AL = A_0 L_0 \qquad \text{(식 11.4)}$$

즉,

$$\frac{L}{L_0} = \frac{A_0}{A}$$

(식 11.5)

11.10으로부터 대입하면

$$\varepsilon_t = \ln\frac{A_0}{A} \ and \ \frac{A_0}{A} = 1 + \varepsilon$$

(식 11.6)

지금

$$\sigma_t = \frac{F}{A} = \frac{F}{A_0} \cdot \frac{A_0}{A}$$

즉,

(식 11.7)

$$\sigma_t = \sigma(1 + \varepsilon)$$

3.1 탄성 응력-변형률 관계

재료가 작은 응력을 받을 경우 탄성적으로 반응하는데 이것은 다음과 같은 사실을 의미한다.

1) 발생된 변형은 응력과 가역적 관계에 있다.
2) 변형 정도는 직접, 선형적으로 응력의 크기와 비례하는데 이러한 관계는 훅의 법칙(Hooke's law)으로 알려져 있다.

$$\frac{\text{응력}}{\text{변형률}} = \text{상수}$$

(식 11.8)

응력은 평면상에서 여러 다른 방법으로 작용할 수 있으므로 식 11.15의 "상수"는 응력 부여 방법과 발생하는 변형에 따라 다르게 정의될 수 있다.

이 가운데 중요한 두 가지로 다음을 들 수 있다.

1) 전단 응력: 적용 응력이 평면상(수평)으로 작용

식) 그림 11.8: 탄성 전단 변형

$$\gamma = \frac{\Delta x}{h}$$

(식 11.9)

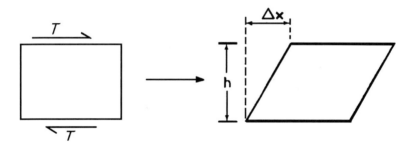

그림 11.8 간단한 전단로부터 전단변형의 발생

2) 인장 응력(압축): 적용 응력이 평면과 수직으로 작용

완전 전단과 완전 팽창

1) 완전 전단재료의 부피 변화는 일으키지 않고 단지 형태의 변화만 가져온다. 그리고 훅의 법칙은 다음과 같이 나타낸다.

$$\sigma = KD$$

(식 11.10)

여기서 τ 는 전단변형이고 G는 전단모듈러스를 나타낸다.

2) 완전 팽창: 형태는 변하지 않고 전체 재료의 부피만 변하게 하는 작용

(그림 11.9)으로 훅의 법칙은 다음과 같다.

$$\sigma = E \varepsilon$$ (식 11.11)

여기서 k는 체적 탄성률, D(팽창 변형)는 △V/V로 나타낸다.

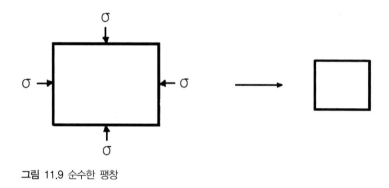

그림 11.9 순수한 팽창

대부분의 고분자 재료의 경우 완전 전단과 완전 팽창이 단독으로 발생하는 경우는 없으며 상호 동시에 발생하는 것이 일반적이다.

영 모듈러스: 그림 11.10과 같은 단축 하중이 작용할 경우, 길이의 변화, 즉 △L이 발생하며 축의 변형률 ε는 탄성 변형에서 훅의 법칙에 의해 적용된 응력은 다음과 같은 관계가 성립된다.

$$\sigma = E \varepsilon$$ (식 11.12)

여기서 E는 영 모듈러스이다(탄력 모듈러스).

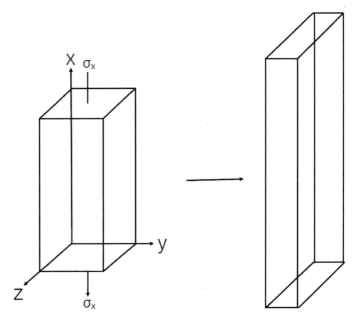

그림 11.10 횡수축에 의한 연신율

그리고 팽창 과정에서 y, z축 방향으로 압축성 변형 $\varepsilon_y = \varepsilon_z$이 동시에 일어난다.

포아손 비율은 횡방향 변형률과 축방향 변형률의 비율이다.

$$\nu = -\frac{\varepsilon_y}{\varepsilon_x} = -\frac{\varepsilon_x}{\varepsilon_x}$$

(식 11.13)

음수 부호는 변형 ε_x와 ε_y의 수축 때문이다.

대부분의 고분자 재료에서, 변형이 발생하면서 부피 변화를 함께 수반하게 되는데 이러한 부피 변화는 ΔV로 나타내고 ν의 관계는 다음과 같다.

$$\Delta V = (1 - 2\nu)\,\varepsilon\,V_0$$

일반적으로 (식 11.14)

$$\nu = \frac{1}{2}\left[1 - \frac{1}{V}\frac{\partial V}{\partial \varepsilon}\right]$$

여기서 V0는 초기(변형되지 않은) 부피이며 △V는 초기 부피에서 변형된 힘을 가했을 때의 부피 사이의 차이를 나타낸다.

4. 고분자의 변형

탄성 변형은 응력 제거 시 본래 형상으로 회복이 가능한 변형이다. 이와 반대 개념인 소성 변형이 있다. 소성 변형은 재료의 탄성 한계치의 하중이 가해지고 제거될 시 영구 변형이 그대로 유지되는 현상이다.

대부분의 경우, 탄성 한계 내에서 훅의 법칙은 지켜지지만 항상 그러한 것은 아니며 전체 탄성 영역에서도 비례 정도는 경우에 따라 다르게 나타 난다.

영 모듈러스의 정의: 훅의 법칙이 지켜지는 응력-변형 곡선의 초기 선형 부분에 대한 기울기이다. 탄성의 한계는 측정 장치에 따라 민감하게 좌우되 며 응력-변형 곡선에 비선형 반응이 관찰되기 시작하는 시점으로 정하는 것이 일반적이다.

항복 강도(Yield strength)는 응력-변형 곡선의 최고점으로서 탄성 거동의 한계 또는 소성 변형의 시작을 나타낸다. 인장 강도(σ_B)는 파괴가 발생하 는 응력이다.

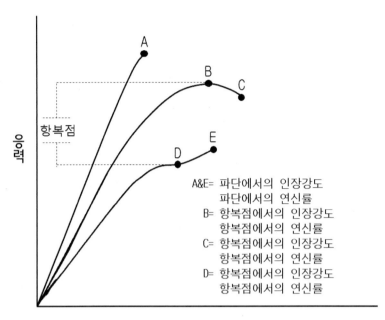

그림 11.11 응력-변형 테스트로부터의 공학적 데이터

표 11.1 선택된 고분자의 전형적인 기계적 특성

고분자	포션 비율	탄성 모듈러스 (10³psi)	항복 강도 (10³psi)	극한 강도 (10³psi)	파단 연신율 (%)
POLY PROPYLENE	0.32	1.5–2.25	3.4	3.5–5.5	200–600
POLY STYENE	0.33	4–5	–	5.5–8	1–2.5
POLY METHYL METHACRYLATE	0.33	3.5–5	7–9	7–10	2–10
POLY ETHYLENE	0.38	0.2–0.4	1–2	1.5–2.5	400–700
POLY CARBONATE	0.37	3.5	8–10	8–10	60–120
POLY VINYL CHLORIDE	0.40	3–6	8–10	6–11	5–60
POLY TETRA FLUORO ETHYLENE	0.45	0.6	1.2–2	2–4	100–350

응력-변형 곡선으로부터 구할 수 있는 중요 파라미터.

강성(stiffness)-치수 변화 없이 응력을 전달하는 능력을 말한다. 탄성 모듈러스의 크기는 강도의 측정치이다.

탄성(Elasticity)-영구 변형을 겪지 않고 가역 변형을 겪거나 응력을 전달할 수 있는 능력을 규정한다.

그것은 탄성 한계 또는 실용적인 관점으로 비례한계, 항복 점으로 나타낸다.

탄력성(resilience)-영구적인 변형 없이 에너지를 흡수하는 능력으로 정의한다. 응력-변형 곡선의 탄성 비율 아래 구역은 탄성에너지를 나타낸다.

내구력-정하중을 견딜 수 있는 능력을 말한다. 인장강도 또는 샘플이 파열될 때까지의 응력으로 나타낸다.

인성-파열 없이 광범위한 플라스틱 변형을 겪거나 에너지를 흡수하는 능력을 말한다. 그것은 응력-변형 곡선 아래 구역에 의해 측정된다.

연성 재료는 피단전 소성변형을 일으키는 재료이며, 취성 재료는 피단전 소성 변형을 일으키는 재료이다.

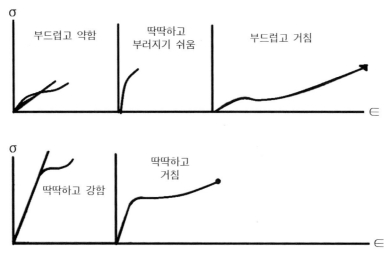

그림 11.12 고분자 물질의 전형적인 응력-변형곡선

표 11.2 고분자 응력-변형 거동의 특유의 특징

재료 응력-변형 거동	탄성 모듈러스	항복점	인장 강도	파단에서 연신율
Soft and weak(polymer gels)	Low	Low	Low	moderate
Hard and brittle(ps)	High	Practically nonexistent	High	Low
Hard and strong(pvc)	High	High	High	moderate
Soft and tough (rubbers and plasticized pvc)	Low	Low	moderate	High
Hard and tough (cellulose acetate, nylon)	High	High	High	High

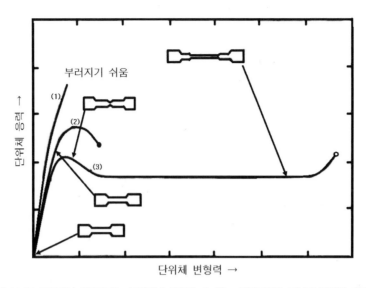

그림 11.13 상온에서 잡아당기는 동안의 늘어뜨릴 수 있는 샘플모양의 거시적 변화에 대한
도식 표현

5. 압축과 인장 시험

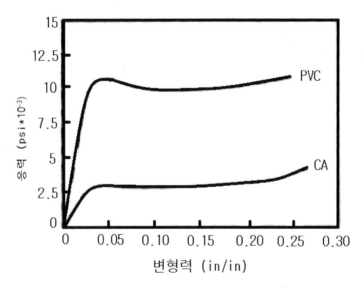

그림 11.14 셀룰로오스 아세테이트, 폴리비닐클로라이드 2개의 무정형 고분자 압축 응력-
변형력 자료

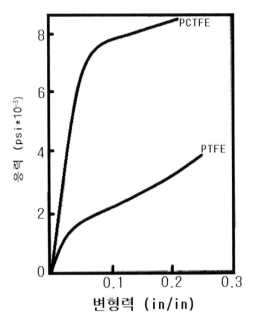

그림 11.15 폴리테트라플루오르에틸렌(PTFE), 폴리클로로트리플루오르에
틸렌 2개의 결정형 고분자에 대한 압축 응력-변형력 자료

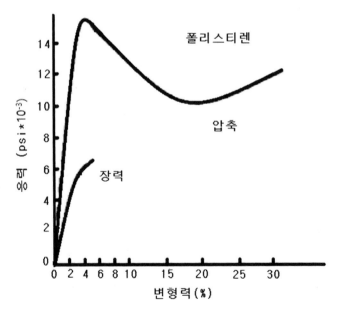

그림 11.16 잘 부러지기 쉬운 고분자, 폴리스티렌의 응력-변형력 거동(인장,
압축의 조건하)

비정질 고분자는 항복 거동을 확실히 보여주지만, 결정질 고분자의 경우에는 명확한 항복점을 찾기가 어렵다.

인장 시험에서는 폴리스티렌이 취성 파괴를 하지만 압축 시험에서는 연성고분자의 거동을 보인다. 압축 시험의 강도, 항복 응력이 인장 시험의 결과보다 더 높은 값을 가진다. 왜냐하면 인장 시험에서는 이미 존재하는 균열에 응력 강도의 증가가 집중되면서 결국 재료의 파단을 가져온다. 하지만 균열을 생기게 하는 응력과 달리 압축 시험은 인장 응력의 증가를 보이게 된다.

고분자의 점탄성 거동

제12장

1. 유동학적 거동

1.1 이상적 탄성 거동

이상적인 탄성 재료는 시간에 관계없고 좋은 관성의 작용이 있다. 이러한 재료는 응력이 가해지면 즉시 반응하게 된다. 이러한 응력이 제거되게 되면, 초기 형태로 즉각적으로 완전히 돌아오게 된다. 또한 유도된 변형률(ε)은 항상 공급된 응력에 비례하고, 시편이 변형된 비율에는 무관하며 훅의 거동을 따른다.

아래 그림은 이상적인 탄성 재료를 보여주고 있다.

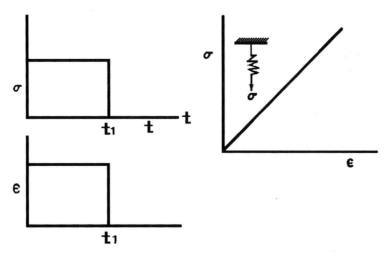

그림 12.1 이상적인 탄성 반응

완전 탄성의 반응은 스프링의 응력-변형 거동에 의해 나타낼 수 있다. 스프링은 일정한 모듈러스를 가지며 이것은 변형률이나 시험 속도에 무관하다. 완전 탄성 재료에서 기계적 거동은 훅의 법칙에 의하여 아래와 같이 나타내어진다.

$$\sigma = E\,\varepsilon$$

 σ : 적용된 응력

 ε : 변형률

 E: 영 모듈러스

1.2 완전 점성 흐름

흐름이라는 특성은 탄성 물질이 가지지 않으며, 이러한 흐름성을 가진 물질은 변형을 유지할 수가 없다. 흐름의 주요한 특성은 점도이며 이것은 고상의 탄성과 동등한 것이라 볼 수 있다. 뉴턴 법칙에 의하여 아래와 같은

식을 유도해보면,

$$\tau = \eta \, \frac{d\gamma}{dt}$$

τ : 전단 응력

η : 점도

$d\gamma$ /dt: 변형 속도

완전 탄성 반응에 대조하여 외부로부터 제공된 응력에 대해 변형은 시간에 대해 선형적으로 나타난다. 응력 제거 시 결과는 지속되는 것을 알 수 있다.

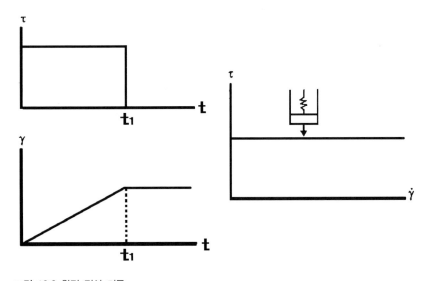

그림 12.2 완전 점성 거동

그러나 실제 재료는 완전 탄성 거동이나 완전 점성 흐름 같은 거동을 보이지 않는다.

1.3 고무상 탄성

고무상 재료의 기계적 응력에 대한 반응은 완전 탄성거동에 비해 약간의 편차를 보인다. 이러한 것들은 훅의 법칙을 따르지 않는 탄성거동을 나타낸다.

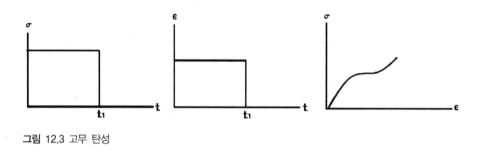

그림 12.3 고무 탄성

2. 선형 점성 거동을 나타내기 위한 모델

2.1 맥스웰 모델

스프링과 데쉬포트에 의한 실제 고분자 재료의 거동을 나타내기 위해 맥스웰은 두 가지 요소의 간단한 조합을 제시하였다. 이 모델은 아래 그림과 같이 나타내었다.

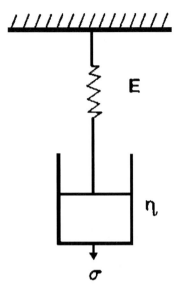

E: 순간적인 인장 모듈러스

η : 점도

그림 12.4 맥스웰 요소

맥스웰 원리에서 스프링과 데쉬포트는 같은 응력을 받으므로, 식은 아래와 같이 나타내어진다.

$$\sigma = \sigma_s = \sigma_d$$

σ_s: 스프링이 받는 응력
σ_d: 데쉬포트가 받는 응력

전체의 변형률은 변형률과 변형 속도는 각각의 변형률의 합으로 나타낼 수있으며 아래와 같다.

$$\varepsilon_T = \varepsilon_s + \varepsilon_d$$
$$\dot{\varepsilon}_T = \dot{\varepsilon}_\sigma + \dot{\varepsilon}_d$$
$$\dot{\varepsilon}_s = \frac{\dot{\sigma}}{E} \text{ and } \dot{\varepsilon}_d = \frac{\sigma}{\eta}$$

맥스웰 요소의 유변 법칙에 의해 위 식들은 아래와 같이 표현할 수 있다.

$$\dot{\varepsilon}_T = \frac{1}{E}\dot{\sigma} + \frac{1}{\eta}\sigma$$

위 식에서 볼 수 있듯이 맥스웰 요소는 단지 완전 탄성 재료와 완전 점성흐름의 조합이라 볼 수 있다. 다음 맥스웰 요소로 고분자의 점탄성 거동을 살펴볼 수 있다.

2.1.1 크립 실험

시편에 일정한 응력이 가해졌을 때 크립에서는 위의 식을 다음과 같이 표현할 수 있다.

$$\dot{\varepsilon}_T = \frac{1}{\eta}\sigma_0$$

다음의 그림에서 맥스웰 요소의 크립과 크립 회복의 관계를 보여주고 있다.

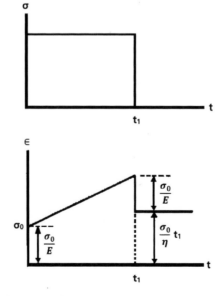

그림 12.5 맥스웰 요소의 크립 및 크립 회복 거동

2.1.2 응력 완화 실험

시편에 일정한 변형이 가해졌을 때 아래 그림과 같은 거동을 나타낸다.

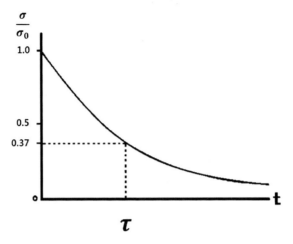

그림 12.6 맥스웰 요소의 이완 시간

2.2 보이트 요소(THE VOIGT ELEMENT)

보이트 요소는 크게 두 가지 특징을 가진다. 스프링과 대쉬포트는 항상
평행을 유지하며 이것은 각 요소의 변형이 동일함을 의미하며, 다른 하나는
보이트 요소에서 의미하는 총 응력은 스프링과 대쉬포트 응력의 합이며, 이
러한 의미는 아래의 식으로 표현하였다.

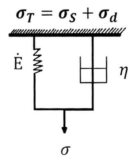

그림 12.7 보이트 요소

2.2.1 크립 요소

크립과 크립 회복 관계는 아래 그림에 나타내었다.

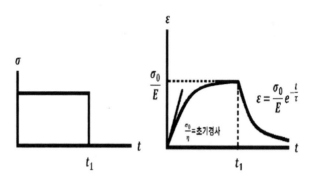

그림 12.8 보이트 요소에 대한 크립 및 크립 회복 곡선

보이트 모델의 변형률은 응력에 의하여 연속적 혹은 지속적이지 않다는 것을 예상할 수 있다.

2.3 4-파라미터 모델

맥스웰과 보이트 모델로는 실질적인 고분자 재료의 거동을 예상할 수 없었다. 그래서 이 두 가지 모델을 합하여 좀 더 실제 고분자 재료의 거동을 예상하기 위해 4-파라미터 모델이 제시되었으며, 아래 그림에 나타내었다.

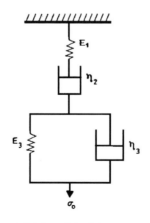

그림 12.9 4-파라미터 모델의 개략도

이 모델의 크립 회복거동을 보면 아래 그림과 같다.

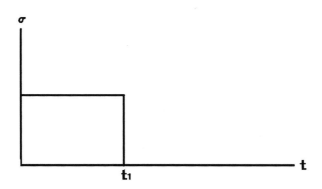

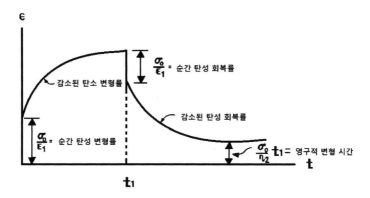

그림 12.10 4-파라미터 모델의 크립 반응

임진규 ————————————————————————————————————

▌약 력

이학박사(화학)
충북대학교 공과대학 공업화학과 교수
KELLON SCIENCE 대표이사

POLYMER CHEMISTRY
기본 고분자 화학

초판인쇄 2017년 7월 21일
초판발행 2017년 7월 21일

지은이 임진규
펴낸이 채종준
펴낸곳 한국학술정보㈜
주소 경기도 파주시 회동길 230(문발동)
전화 031) 908-3181(대표)
팩스 031) 908-3189
홈페이지 http://ebook.kstudy.com
전자우편 출판사업부 publish@kstudy.com
등록 제일산-115호(2000. 6. 19)

ISBN 978-89-268-8068-5 93430